Wirtschaftswunder 2010

Inga Michler ist promovierte Volkswirtin und Journalistin. Sie arbeitete zunächst bei der Nachrichtenagentur Reuters und ist seit 1998 Wirtschaftsreporterin bei der *Welt*-Gruppe. Dort berichtet sie vor allem über die großen volkswirtschaftlichen Trends sowie Deutschlands Familienunternehmer und ihre Strategien in den Zeiten der Globalisierung. Inga Michler besuchte die Kölner Journalistenschule und studierte Volkswirtschaft in Fribourg (Schweiz) und Granada (Spanien).

Inga Michler

Wirtschaftswunder 2010

Deutschlands Familienunternehmer
erobern die Weltmärkte

Campus Verlag
Frankfurt / New York

Bibliografische Information der Deutschen Nationalbibliothek.
Die Deutsche Nationalbibliothek verzeichnet diese Publikation in der
Deutschen Nationalbibliografie. Detaillierte bibliografische Daten
sind im Internet unter http://dnb.d-nb.de abrufbar.
ISBN 978-3-593-39005-5

Copyright © 2009 Campus Verlag GmbH, Frankfurt am Main
Umschlaggestaltung: Kathrin Steigerwald, Hamburg
Umschlagmotiv: corbis, Düsseldorf
Satz: Campus Verlag, Frankfurt am Main
Druck und Bindung: Druck Partner Rübelmann GmbH, Hemsbach
Gedruckt auf säurefreiem und chlorfrei gebleichtem Papier.
Printed in Germany

Besuchen Sie uns im Internet: www.campus.de

Für Stefan

Inhalt

Vorwort

Wirtschaftswunder 2010 – geht es nicht eine Spur bescheidener? In der tiefsten Weltwirtschaftskrise seit 80 Jahren scheint selbst der nächste Aufschwung fern, von einem Wirtschaftswunder ganz zu schweigen. Und dann soll dieses »Wunder« auch noch von Familienunternehmern getragen sein? Ausgerechnet von jenen, die in Zeiten von Globalisierung und weltumspannenden Kapitalmärkten als Auslaufmodell galten – zu langsam, zu behäbig, zu altbacken?

Rund 95 Prozent aller über 3,1 Millionen deutschen Unternehmen sind Familienunternehmen, also solche Firmen, in denen der Eigentümer direkten Einfluss auf die Unternehmensführung nimmt. Diese hohe Zahl ist nicht weiter verwunderlich, zählt doch jeder Kioskbesitzer, jede selbstständige Frisörin dazu. Interessant wird es aber, wenn man sich einen bestimmten Teil aus dieser Gruppe genauer ansieht: den sogenannten gehobenen Mittelstand. Von solchen Unternehmen, die mehr als 50 Millionen Euro im Jahr umsetzen, gibt es in Deutschland etwa 10 000. Auch hier ist die große Mehrheit in Familienbesitz. Es sind Unternehmen, die feste Wurzeln haben in ihrer Heimat und stark sind auf den Weltmärkten.

Um diese Firmen geht es in diesem Buch. Es geht um die Trumpfs und Mieles, Otto Bocks und Deichmanns im Land. Sie sind die treibende Kraft der deutschen Wirtschaft. Sie halten das gesamte System wendig und flexibel und verfügen doch über die notwendige Größe, um auch im Ausland Gewicht zu haben. Sie beschäftigen qualifizierte Mitarbeiter, sind hoch innovativ, werfen aber alte Traditionen und Werte nicht über Bord. Sie haben viel Geld, nutzen teils auch moderne Finanzierungsinstrumente, und sind doch weitgehend unabhängig von den Turbulenzen an den Börsen. Es sind die gehobenen Familienunternehmen, die Deutschland besonders machen. Kein anderes Land der Welt hat einen so starken, exportorientierten Mittelstand. Kaum sonst irgendwo ruht der volkswirtschaftliche Erfolg auf so vielen kräftigen Schultern. Kein Wunder, dass das Modell des deutschen Familienunternehmers längst internationales Ansehen genießt.

Und doch sind Familienunternehmer, auch solche, die in der zweiten, dritten oder vierten Generation stehen, nicht vor Fehlern gefeit. Es gibt sogar besondere familiäre Fehlerquellen. Das Verlagshaus Suhrkamp oder der Getränkeclan Berentzen etwa wurden geschwächt durch den Streit ihrer Erben. Die ehemaligen Eigner des Modelleisenbahnbauers Märklin schätzten Märkte falsch ein, hielten zu lange an überkommenen Konzepten fest und mussten schließlich verkaufen. Und auch unter den Firmenchefs gibt es Zocker wie den legendären Adolf Merckle, der ein Imperium mit Firmen wie ratiopharm, Phoenix, Kässbohrer und HeidelbergCement erst aufgebaut und dann an der Börse verspielt hat.

Familienunternehmer sind nicht die besseren Menschen. Allerdings sind Misswirtschaft mit System, Zockerei und Korruption in eigentümerdominierten Firmen grundsätzlich weniger wahrscheinlich als in Publikumsgesellschaften. Viele angestellte Topmanager wagen eine besonders riskante, besonders eigenwillige Unternehmensstrategie. Sie haben im besten Fall Ruhm und hohe Boni zu gewinnen, im schlechtesten Fall aber nur ihren Job zu verlieren. Unternehmer, die mit ihrem eigenen Geld jonglieren, achten auf den nachhaltigen Einsatz ihrer Mittel. Sie planen langfristig, haben klare Strategien und pflegen in aller Regel eine Kultur der Bescheidenheit. Und selbst wenn die Firmenübergabe von einer Generation an die nächste bei manchen Betrieben nicht gelingt, sorgen Gründer für Nachwuchs bei den deutschen Familienunternehmen. Dieses Buch beruht auf Gesprächen mit einer Vielzahl von Mittelständlern. Manche sind namentlich genannt, andere wollten das nicht.

Viele haben sich erstaunlich weit geöffnet. Entwaffnend ehrlich beschrieb etwa Nicola Leibinger-Kammüller, Erbin des weltgrößten Werkzeugmaschinenherstellers Trumpf und Chefin von rund 8 000 Mitarbeitern, die Belastungen der Krise. Schlimm sei es, sagte sie. Schlimmer als alles, was sie sich je ausgemalt hätte. Nicht um 10 oder 15 Prozent, um über 40 Prozent seien die Aufträge eingebrochen. Und ja, schwer drücke die Last der Verantwortung. Kurz ringt die Unternehmerin und Mutter von vier Kindern um Fassung, dann wird ihr Blick trotzig, die Stimme entschlossen. Krise hin oder her, Lehrlinge wolle sie übernehmen und um jeden Arbeitsplatz kämpfen. Das sei sie ihren Leuten schuldig.

Viele kleine Puzzleteile geben Einblicke in das Denken und Handeln von Deutschlands Unternehmern und ihren Erben. Teil I des Buches räumt auf mit den gängigen Irrtümern über Familienunternehmen. Was genau macht diese Unternehmensform stark? Warum hat sie trotz aller Unkenrufe überlebt? Teil II stellt sieben Unternehmer und Unternehmerteams vor, die vieles richtig gemacht haben. Es sind unterschiedliche Menschentypen aus unterschiedlichen Branchen, die unterschiedliche Antworten gefunden haben auf die Herausforderungen der Globalisierung. Jeder Einzelne von ihnen hat etwas Einzigartiges, etwas Herausragendes. Teil III fahndet nach Gemeinsamkeiten. Welches sind die wichtigen, unverzichtbaren Zutaten zum Erfolg? Und was macht Deutschlands Familienunternehmen für ausländische Investoren und Politiker so interessant?

Das Buch nimmt die Leser mit auf eine Expedition durch Deutschland, von Pfaffenhofen über Ditzingen und Duderstadt bis nach Berlin. Es zeigt, wie neue wirtschaftliche Dynamik entsteht und stellt die Menschen vor, die den neuen Aufschwung im Land schaffen können – ein Wirtschaftswunder 2010.

Teil I

Der Familienunternehmer ist tot – es lebe der Familienunternehmer!

Nur die Börse gibt Kraft – Kapitalgesellschaften bremsen Familien aus

Der Tag, der Manfred Wennemers Leben veränderte, begann nicht weiter ungewöhnlich. Der Chef des Börsenriesen Continental war in Begleitung seines Finanzvorstands Alan Hippe zu einem diskreten Treffen an einem diskreten Ort verabredet. Manfred Wennemer kannte solche Zusammenkünfte zur Genüge, baten ihn doch immer wieder Vertreter von Private-Equity-Fonds zum vertraulichen Gespräch. Die sogenannten Heuschrecken hatten den auf den Weltmärkten bekannten Autozulieferer schon lange im Visier, machten immer wieder Angebote zum Kauf. Und immer wieder lehnte Wennemer dankend ab.

Doch an diesem Freitag im Juli kam alles anders. Treffpunkt war der Airport Club Frankfurt, einer der diskretesten Orte der Republik. Mitglieder zahlen 1300 Euro im Jahr; die Tagesmiete für einen der mit edlen Holzmöbeln eingerichteten Besprechungsräume kostet extra. Im Separee am Flughafen trafen Wennemer und Hippe auf alte Bekannte: die Eigentümerin des fränkischen Automobilzulieferers Schaeffler, Maria-Elisabeth Schaeffler, ihr Sohn Georg und ihr oberster Manager, Jürgen Geißinger. Die drei brachten verstörende Neuigkeiten. Sie eröffneten ihm, dass sie bereits Zugriff auf 36 Prozent der Conti-Aktien hatten. Die Familienunternehmerin aus Herzogenaurach stellte den Chef des DAX-Konzerns Continental vor vollendete Tatsachen. Sie setzte den Managern des drei Mal größeren Automobilzulieferers »die Pistole an den Kopf«, so empfand es Wennemer.[1]

Still und heimlich hatte sich die Unternehmerin an den Börsenriesen Conti herangeschlichen. Die Operation war streng geheim, trug intern den Decknamen »Paul kauft Emma«. Als »Paul« tarnte sich das Familienunternehmen Schaeffler an den Finanzmärkten. Scheibchen für Scheibchen, Aktie für Aktie, sicherte sich die Milliardärin die Macht über den DAX-Konzern Conti, Schaeffler-intern »Emma« genannt. Gleich eine ganze Reihe von Banken agierten in ihrem Auftrag. Mit komplizierten Finanzmarktinstrumenten, sogenannten Swaps, umgingen sie übliche Meldepflichten. So war die feindliche Übernahme perfekt, bevor Schaeffler überhaupt ein schriftliches Angebot für Conti vorgelegt hatte. Conti-Chef Wennemer, der sich wochenlang mit aller Kraft gegen den Deal sträubte, blieb schließlich nur der Rücktritt.

Die Patriarchin gewann gegen den Manager. Das Familienunternehmen überwältigte den DAX-Konzern. Ein David mit 66 000 Mitarbeitern und knapp neun Milliarden Euro Jahresumsatz brachte einen Goliath mit 150 000 Mitarbeitern und 16,6 Milliarden Euro Umsatz zur Strecke. Es war ein verhängnisvoller Sieg, wie sich bald herausstellte. Denn die Unternehmerwitwe, die seit dem Tod ihres Mannes 1996 die Firma lenkt, hatte zu früh zugegriffen. In der Finanzkrise brachen die Aktien des gebeutelten Automobilzulieferers Continental weiter ein. Das bindende Angebot von Schaeffler erwies sich – Ironie des Schicksals – als viel zu teuer. Es brachte die Angreifer selbst ins Trudeln.

In der öffentlichen Wahrnehmung markierte der Sieg Schaefflers über das Börsenschwergewicht dennoch eine Zeitenwende. Fasziniert blickten Wirtschaftskommentatoren landauf, landab auf die waghalsige Witwe. So mancher von ihnen wähnte sich in einer verkehrten Welt. In Zeiten weltumspannender Kapitalmärkte galten von Eigentümern dominierte Firmen doch längst als Auslaufmodell. Ihnen, so die landläufige Meinung, seien an der Börse notierte Aktiengesellschaften, bei denen sich Manager und Anleger die Macht teilen, haushoch überlegen.

Bei genauerem Hinsehen hatte diese Weltsicht schon in der Vergangenheit so manchen Kratzer bekommen. Im Jahr 2005 sicherte sich der inzwischen verstorbene Familienunternehmer Adolf Merckle (ratiopharm) die Macht bei Deutschlands größtem Baustoffkonzern HeidelbergCement. Porsche, ebenfalls in Familienhand, kaufte sich die Mehrheit an der Volkswagen AG zusammen. Pharmakonzern Merck, Kommanditgesellschaft auf Aktien, scheiterte zwar 2006 bei der Übernahme des Konkurrenten Schering, erwarb aber kurz darauf den Biotech-Konzern Serono für 11 Milliarden Euro. Das Bad Homburger Unternehmen Fresenius, von einer Familienstiftung dominiert, stemmte eine Milliardenübernahme nach der nächsten. Und das sind nur die größten und somit aufsehenerregendsten Fälle. Auch so mancher Familienbetrieb aus der zweiten und dritten Reihe fand längst zu neuer Stärke.

Wettbewerb der Systeme

Familien versus Börse, alte Bande versus anonyme Geldgeber – der Wettbewerb der Systeme ist neu entbrannt. Ein Wettbewerb, der spätestens seit den Neunzigerjahren klar entschieden schien. Damals tobte die New Economy. Junge Gründer der Firmen Yahoo, Amazon & Co. sammelten zunächst von Risikokapitalgebern und dann an den Börsen Milliarden ein. Sie tauschten schnelles Firmenwachstum und schnelles Geld gegen eigenen Einfluss. Ihre Geschäftsmodelle waren nicht für die Ewigkeit angelegt. Sie dachten in Stunden und Tagen, nicht in Generationen.

In einem internationalen Bestseller brachten die beiden Schweden Jonas Ridderstråle und Kjell A. Nordström das Gefühl der Zeit zu Papier. *Funky Business* heißt ihr Werk.[2] Und eine zentrale Erkenntnis der beiden Wirtschaftsprofessoren von der Stockholmer School of Economics lautet: Dauerhaftigkeit an sich ist kein Wert. Geradezu gestrig sei die Ansicht, dass Firmen, die schon lange existieren, besonders vertrauenswürdig seien. Frei nach dem Motto: Wenn es sie schon so lange gibt, muss ja etwas Gutes daran sein.

Das Unternehmen der Zukunft beschreiben die Autoren als eine Art »Wegwerf-Firma«. Jegliche Nostalgie sei fehl am Platz, Jubiläumsfeiern könne man sich sparen, sentimentale Festschriften zur eigenen Firmengeschichte getrost auf den Müll werfen. Denn eine Firma sei nichts weiter als »eine Art Camp für nomadisierende Individuen«, die weiterziehen, um neuen Menschen zu begegnen und sich neuen Herausforderungen zu stellen. Sie finden sich zusammen, um mit viel Energie fantastische Erfolgsgeschichten zu schreiben, und gehen dann wieder auseinander. Gemeinsam mit der Rocklegende Neil Young (»Es ist besser auszubrennen, als dahinzuwelken.«) singen Ridderstråle und Nordström ein Loblied auf den Exzess: »Das höchste Ziel eines Unternehmens, eines Künstlers, eines Athleten oder eines Börsenmaklers könnte auch darin bestehen, sich über einen kurzen Zeitraum in einem exzessiven Rausch der Wertschöpfung zu verausgaben, anstatt ewig dahinzuleben.«[3]

Das Ende von Hunderten »Funky Businesses« ist bekannt. Anstatt sich an exzessiver Wertschöpfung zu berauschen, vernichteten sie Werte in gigantischem Ausmaß. Im Frühjahr 2000 platzte die New-Economy-Blase an den Weltbörsen. Bis Oktober 2002 verloren die 3000 größten Technologieunternehmen, die im Börsenindex Nasdaq Composite gelistet sind, rund 80 Prozent ihres Werts. Schon damals sah so mancher traditionelle Familienunternehmer, der nicht an jedem Arbeitstag 20 Mal sein E-Mail-Fach leerte und auf einem Tretroller aus Aluminium zum nächsten Termin sauste, nicht mehr ganz so altbacken aus. Langsamkeit und Bedächtigkeit, so dämmerte manchem, zahlen sich eben doch aus.

Kraft in der Krise

Wie stark die Gattung Familienunternehmen ist, zeigt sich besonders in der Krise. Wenn die Börsenkurse taumeln und Banken bei der Vergabe von Krediten zögern, können Familienunternehmen ihre Vorteile ausspielen. Zwar leiden auch sie unter dem allgemeinen Rückgang der Aufträge in der Wirtschaftsflaute. Viele von ihnen sind jedoch so solide finanziert, dass sie nicht mit den Märkten zittern müssen.

»Bodenständige Unternehmen sind in der Krise stark«, sagt der Geschäftsführer des Hausgeräteherstellers Miele, Markus Miele, der die Firma in vierter Generation führt.[4] Das deutsche Traditionsunternehmen hat 15 000 Beschäftigte weltweit, 11 000 davon in Deutschland. Gerade in turbulenten Zeiten könnten Familienunternehmen gegenüber Aktiengesellschaften auftrumpfen, findet der Firmenerbe. Wer vor allem mit eigenem und nicht mit fremdem Kapital finanziert sei, könne Konjunkturdellen besser ausbügeln und auch in der Krise weiter in Innovationen investieren.

Vier große Vorteile haben Familienunternehmen gegenüber Publikumsgesellschaften, und die wiegen in Zeiten von Umbrüchen besonders schwer. Erstens können sie ihr Geschäft langfristig ausrichten. Sie sind nicht dazu verpflichtet, Investoren Quartal für Quartal ihre Zahlen offenzulegen. Sie müssen Aktionären und Analysten keine schnellen Erfolge vorweisen. Wer in Generationen denkt, kann sich einen langen Atem leisten.

Zweitens haben die Familienunternehmer umfassenden Einblick in die Geschäfte der börsennotierten Konkurrenz. Sie kennen ihre Margen, ihre Kapitalausstattung, ihre Mittelflüsse – und können daraus Kapital schlagen. Sie selbst müssen dagegen keine Quartalsergebnisse veröffentlichen. Heikle Informationen wie Angaben über ihre Gewinne behalten viele Familienbetriebe daher für sich.

Drittens können sie wichtige Geschäfte, wie etwa die Übernahme eines Konkurrenten, »auf dem kurzen Dienstweg« vorbereiten. Die Entscheidungswege in Unternehmen mit einem Familienoberhaupt an der operativen Spitze sind kürzer und schneller als in einem Börsenkonzern. Auf sich rasant verändernden Märkten sind sie auf diese Weise wendiger als andere.

Und viertens ist gerade in Krisenzeiten die Kapitalausstattung von Familienunternehmen oft besser als die von Publikumsgesellschaften. Sie mussten ihre Gewinne aus den guten Jahren nicht Aktionären ausschütten, sondern konnten sie im Unternehmen behalten. So können sie gerade dann zuschlagen, wenn die Gewinne in der Branche bröckeln und die Aktienkurse der Konkurrenz fallen.

Banken greifen ihnen dabei gern unter die Arme und stocken das Eigenkapital um zusätzliche Fremdmittel auf. Solche Geschäfte sind ganz nach ihrem Geschmack. »Merger« (sprich Firmenzusammenschlüsse) so wie in der einst heilen Börsenwelt, aber mit den Vorteilen des Familienbetriebs: Hinterlegt mit solidem Eigenkapital, im Hintergrund ein ehrbarer Kaufmann, der nicht nur die nächste Prämie im Blick hat, sondern den Ruf einer ganzen Familie in die Waagschale wirft. Für Angriffe im richtigen Augenblick haben Deutschlands Familienunternehmen noch längst nicht all ihr Pulver verschossen. Noch immer könnte eine Reihe von großen Familienfirmen im Land 100 bis 200 Millionen Euro aus Eigenmitteln für Zukäufe aufbringen. Rechnet man noch externe Finanzierung hinzu, wären einzelne Käufe im Milliardenbereich denkbar.

Interessante Einkaufsmöglichkeiten dürften sich ihnen in nächster Zeit bei so manchem Private-Equity-Fonds bieten. Die hatten in den vergangenen Jahren Firmen zu horrenden Preisen von bis zu 15-fachem Jahresgewinn gekauft. Die Schulden für die Finanzierung bürdeten sie den übernommenen Firmen selbst auf.

In der Krise bricht dieses Geschäftsmodell zusammen. Notverkäufe sind programmiert. Als Retter könnten ausgerechnet solche Familienunternehmen bereitstehen, die den Finanzinvestoren noch vor kurzem im Bieterstreit unterlegen waren.

Der Gründer der Bonner Akademie für Familienunternehmen Intes, Peter May, erwartet denn auch ganz neue Machtverhältnisse in der deutschen Unternehmenslandschaft. »Wir erleben gerade einen Gezeitenwechsel«, sagt May. »Nach Jahren, in denen erst Börsengesellschaften und dann Private-Equity-Firmen in der deutschen Industrie dominierten, treten jetzt Familienunternehmen in den Vordergrund.«[5]

Neue Leitkultur

Damit ändert sich die Leitkultur in der Firmenwelt. Zwar wäre es unrealistisch, nun den Sieg der »guten Familienunternehmer« über die »bösen Börsenkapitalisten« zu erwarten.[6] Selbstverständlich haben auch Familienunternehmer ihre Gewinne im Blick und bedienen sich, um diese zu mehren, auch des einen oder anderen Tricks an den Kapitalmärkten. Doch ist ihre Perspektive eine andere als diejenige von Publikumsgesellschaften; Familienunternehmer denken langfristiger.

Das spiegelt sich in der täglichen Praxis. Die gesamte Personalpolitik und das eigene Risikoverhalten sind »nachhaltiger«, wie es der Unternehmensberater und Buchautor Hermann Simon nennt. Er hat über 1300 unbekannte Weltmarktführer im deutschsprachigen Raum untersucht, die große Mehrheit davon Familienunternehmer. Seine sogenannten Hidden Champions können ihre Mitarbeiter in den Chefetagen deutlich länger an sich binden als die großen Börsenkonzerne. Im Durchschnitt blieben die Chefs der heimlichen Gewinner 20 Jahre an der Spitze. Bei den 30 Konzernen im deutschen Aktienindex DAX lag die durchschnittliche Verweildauer zuletzt bei 4,7 Jahren.[7]

In dieser kurzen Zeit aber können sich die Wirtschaftslenker inzwischen riesige Summen sichern. Wie die Personalberatung Kienbaum ausrechnete, verdiente ein DAX-Vorstand im Jahr 2007 im Durchschnitt 3,33 Millionen Euro. Das waren fast 650 Prozent mehr als 20 Jahre zuvor. Besonders interessant ist die veränderte Zusammensetzung dieses Lohns. Waren im Jahr 1987 noch zwischen 70 und 100 Prozent der Vorstandsvergütung ein Festgehalt, werden heutzutage nur noch rund 30 Prozent fix gezahlt. Der Löwenanteil ist vom Erfolg des Unternehmens abhängig. Dieser Erfolg aber, und hier liegt der Kern des Problems, wird vor allem an kurzfristigen Kennzahlen gemessen, etwa dem Gewinn im abgelaufenen Geschäftsjahr. Danach richtet sich rund die Hälfte der variablen Vergütung. Der Rest bemisst sich an der langfristigen Unternehmensentwicklung. Auch dabei geht es aber in der Regel nur um einen Zeitraum von etwa fünf bis sieben Jahren. Für Prosperität über Jahrzehnte – jene Größenordnung, in der selbstständige Unternehmer denken – werden angestellte Führungskräfte also nicht belohnt.

Schnelles Geld

Folglich haben die Manager vor allem das schnelle Geld im Blick – und sind bereit, dafür große Risiken einzugehen. Wie hoch und unbeherrschbar solche Risiken sein können, zeigte sich am 15. September 2008, jenem Tag, der als »schwarzer Montag« in die Geschichte der Weltbörsen einging. An diesem Tag meldete Lehman Brothers, die viertgrößte Investmentbank der Welt, Insolvenz an. Das Ende des Bankhauses, das als Familienbetrieb startete, irgendwann selbst an die Börse ging und den Verlockungen des schnellen Geldes erlag, erschütterte das gesamte Weltfinanzsystem.

Welche Wellen seine Firma einmal schlagen würde, darauf wäre ihr deutscher Gründer wohl selbst in Albträumen nicht gekommen. Mit 23 Jahren hatte sich Heinrich Lehman vom kleinen Ort Rimpar bei Würzburg aufgemacht, in Amerika sein Glück zu suchen. 1844 gründete er in Montgomery im US-Bundesstaat Alabama einen Gemischtwarenladen. Sechs Jahre später kamen seine beiden Brüder Emanuel und Mayer aus Deutschland nach, und die drei nannten ihr gemeinsames Geschäft Lehman Brothers.

Weil viele Kunden in der ländlichen Region ihre Einkäufe mit Baumwolle zahlten, stiegen die Brüder in den Rohstoffhandel ein. Sie eröffneten ein Büro in New York, das zum wichtigsten Handelsplatz für Rohstoffe im Land avancierte. Als nach dem amerikanischen Bürgerkrieg der Bau neuer Eisenbahntrassen boomte und vermögende Amerikaner Interesse an Geldanlagen zeigten, begannen die Brüder Lehman den Handel mit Eisenbahnwertpapieren. 1887 kauften sie einen Sitz an der New Yorker Börse, der ihnen das Recht gab, unter eigenem Namen zu handeln. Der Aufstieg zu einer der größten Investmentbanken in den Vereinigten Staaten begann. Die Lehman Brothers waren Gründungsgeldgeber von riesigen Handelshäusern wie Sears, Roebuck oder Woolworth, finanzierten aufstrebende Firmen in der Film- und Fernsehindustrie und später in der Computer- und Elektronikbranche.

Im Jahr 1994 machte die Firma einen folgenschweren Schritt, der letztlich ihren eigenen Niedergang einläutete: Sie ging selbst an die Börse. Aus der geschlossenen Partnerschaft eines ausgesuchten Kreises von Eigentümern wurde eine anonyme Publikumsgesellschaft. Das brachte zunächst Geld für rasantes Wachstum. Lehman Brothers startete durch in die Weltfinanzelite und avancierte zur viertgrößten Investmentbank der Welt. Noch im Jahr 2007 verbuchte das Unternehmen einen Rekordgewinn von 4,2 Milliarden Dollar.

Doch mit dem Gang an die Börse, den seit den Siebzigerjahren nach und nach auch die drei großen Konkurrenten Morgan Stanley, Merrill Lynch und Goldman Sachs vollzogen hatten, hielt auch eine andere Kultur Einzug. Die Topmanager der Banken waren nicht mehr deren langfristig gebundene Eigentümer. Sie hatten, wenn es hart auf hart kam, nicht mehr zu verlieren als ihren eigenen Job. Zu gewinnen gab es dagegen in kürzester Zeit eine ganze Menge. Die Börse verlangte kurzfristige Erfolge, möglichst Gewinnsteigerungen in Quartalssprüngen. Folglich bauten die Banken die Anreize für ihre Mitarbeiter entsprechend um. Sie zahlten horrende Boni oft auf Grundlage von nur einem Jahresergebnis aus. Wer hohe Risiken einging, konnte so innerhalb kürzester Zeit Millionär werden.

Kein Wunder, dass viele Banker alle Vorsicht fahren ließen. Und das wurde ihren Häusern schließlich zum Verhängnis. Wie Dominosteine gerieten sie in die Kettenreaktion. Das riskante Geschäftsmodell der Verbriefung von Hypothekenkrediten zweifelhaften Wertes (»Subprime«) kollabierte, nachdem es den Investmentbanken des Landes über Jahre satte Gewinne beschert hatte. Als die Zinsen in den USA stiegen und viele Eigenheimbesitzer ihre Raten nicht mehr bedienen konnten, stürzte das Kartenhaus zusammen.

Die Kreditkrise, die sich zu einer weltweiten Finanz- und Wirtschaftskrise auswachsen sollte, beendete die Ära der großen US-Investmentbanken. Das Jahr 2008 markierte einen historischen Einschnitt. Drei der fünf großen US-Investmentbanken verschwanden komplett von der Bildfläche. Bear Stearns musste im Frühjahr dem Zwangsverkauf an den US-Finanzkonzern JP Morgen Chase zustimmen, Merrill Lynch schlüpfte bei der Bank of America unter und

Lehman Brothers meldeten nach einer fast 160-jährigen Geschichte Insolvenz an. Die verbleibenden Investmenthäuser Goldman Sachs und Morgan Stanley schließlich gaben auf eigenen Wunsch ihren Sonderstatus ab. Sie wandelten sich zu traditionellen Bankholdings – mit stärkerer staatlicher Kontrolle, aber auch mit neuen Möglichkeiten, an Eigenkapital zu kommen.

Viele der strauchelnden Investmentbanker erkennen nun den Kern des Problems: Er liegt in der eigenen Kultur. Man habe zu sehr die kurzfristigen Gewinne im Blick gehabt, zu wenig Vorsicht und Weitsicht walten lassen. Hinter vorgehaltener Hand machen einige von ihnen ganz erstaunliche Vorschläge, man müsse weg von der Börse, zurück zur alten Eigentümergesellschaft. Ausgerechnet jene, deren Geschäft an den internationalen Finanzmärkten liegt, wollen ihnen nun am liebsten wieder den Rücken kehren. So zeigen die jüngsten Umbrüche in der Welt des internationalen Kapitals: Verantwortungsvolle Unternehmer, die alten Werten und Traditionen verpflichtet sind, haben noch längst nicht ausgedient. Und: Nicht nur die Börse gibt Kraft.

Kult der Veränderung – Traditionen braucht keiner mehr

Gustav E. möchte unerkannt bleiben. Denn das, was er zu berichten hat, lässt seinen früheren Arbeitgeber nicht allzu gut aussehen. Genau genommen zeigt es, was schiefgehen kann in einem Großkonzern, einem, der besonders flink sein will, in dem die Veränderung zum Selbstzweck geworden ist. Ein Konzern wie die Daimler AG. Vor 25 Jahren bekam E. in Stuttgart einen der begehrten Ausbildungsplätze zum Industriekaufmann – Daimler-Benz hieß sein Arbeitgeber damals noch, und der baute »verdammt gute Autos«.

20 Jahre später verlässt E. den Konzern. Bis dahin war er bei sieben verschiedenen Arbeitgebern unter Vertrag, bei Daimler-Benz, Mercedes-Benz, Daimler und DaimlerChrysler, bei deren Dienstleistungsarm Debis, bei der Telekom, die einen Teilbereich gekauft hatte, und bei einem Gemeinschaftsunternehmen aus Daimler und T-Online. E. hat Zukäufe erlebt und viele Umstrukturierungen – erst als einfacher Angestellter, dann als Chef. Und schließlich hat er sein eigenes »Outplacement« organisiert. Nicht etwa, weil sein Wissen für den Konzern nicht mehr nützlich gewesen wäre, sondern weil das Puzzleteil Gustav E. gerade nicht mehr passte in die aktuelle Schablone.

Wenn E. erzählt, ist viel von Puzzeln die Rede. Er hat erst als Einkäufer im Werk Sindelfingen gearbeitet und dann im M&A-Geschäft (Fusions- und Übernahmegeschäfte). Dort organisierten sie die Zukäufe des Konzerns, ordneten die Zahlen von vielen kleinen Teilchen, die ein großes Bild ergeben sollten. Unter Edzard Reuter hieß der Titel des Bildes noch »integrierter Technologiekonzern«. Später gab es eine »String of pearls«-Strategie für das Ziel, etwa im IT-Bereich die besten Dienstleister in ganz Europa zusammenzukaufen. Chefs kamen und gingen, ganze Riegen von Mitarbeitern wurden ausgetauscht. E. erinnert sich an den Zukauf der Personalentwicklung einer Softwareberatung mit rund 20 Mitarbeitern für das Debis-Systemhaus. »Das Puzzle wurde in seine Teile zerschlagen und ins Debis-Puzzle reingesetzt.« Für die Mitarbeiter bedeutete das: neuer Standort, neue Kollegen, neues System, neue Prozesse.

Überdosis Veränderung

Seitdem weiß Gustav E., was eine Überdosis Veränderung mit Menschen macht. »Das ist, als ob ihnen jemand den Teppich unter den Füßen wegzieht.« Die Sorge um die eigene Zukunft, die Angst um den Job überschatten alles. Die ganze Kraft wird darin investiert, sich unter den neuen Umständen zurechtzufinden. »Für Kreativität, innovatives Denken bleibt da kein Platz.« Das, weiß Gustav E., gilt auch für die Führungskräfte. »Die sind viel zu sehr mit den Kämpfen drinnen beschäftigt, als dass sie an Kunden, Konkurrenten und Marktanteile denken könnten.«

Heute berät Gustav E. Familienunternehmen bei der Prozessoptimierung und sieht, wie es anders geht. Neuerungen würden viel offener angenommen als im Konzern. Dort sei abwarten und wegducken häufig die Strategie. Nach dem Motto: Mit jedem neuen Chef kommt eine neue Idee. Da warten wir doch lieber erst mal ab. In Familienunternehmen dagegen verzichten die Chefs auf unnötige Hauruck-Aktionen. »Schließlich kostet jede Beratung, jede Umstrukturierung das eigene Geld.« Dafür stehen die Mitarbeiter dann, wenn sich wirklich etwas ändern muss, auch eher dahinter. »Die Angestellten identifizieren sich viel stärker mit ihrem Unternehmen. Sie bündeln ihre Kraft für Kämpfe draußen, anstatt sie in internen Scharmützeln zu verpulvern.«

Keine Frage, Innovationen sind in Zeiten der Globalisierung wichtiger denn je. Nur wer mit Produkten und Produktionsprozessen,

Marketing und Dienstleistungen auf dem neusten Stand ist, kann im globalen Wettbewerb bestehen. Doch in vielen Konzernen ist die Veränderung zum Selbstzweck geworden. Ständig wird auch die interne Organisation irgendwo umstrukturiert, neue Abteilungen werden geschaffen, alte geschlossen oder outgesourct. Chefs und Mitarbeiter scheinen austauschbar. Die Beschäftigten fühlen sich entwurzelt, der Zusammenhalt schwindet, und letztlich sinkt auch die Innovationskraft.

Der ehemalige Chef des Nahrungsmittelriesen Unilever, Patrick Cescau, erfuhr auf ungewohntem Wege, wie groß der Frust in seiner Belegschaft war. Er war gerade ein halbes Jahr als erster alleiniger CEO (Chief Executive Officer) im Amt, als ihm Konzernbetriebsratschef Günter Baltes in einem offenen Brief die Meinung sagte. »Die Menschen sind in hohem Maße demotiviert und frustriert«, schrieb Baltes. Anlass war eine neue Welle von Umstrukturierungen, die Cescau im Herbst 2005 verordnet hatte. Die freilich folgte unmittelbar auf das konzernweite Restrukturierungsprogramm mit dem hoffnungsfrohen Namen »Path to Growth«, das sich internem Unternehmensspott zufolge eher als Weg ins Nichts herausgestellt hatte. In den Jahren 2000 bis 2005 hatte der Konzern, der bis heute Marken wie Dove, Langnese, Lätta, Lipton, Knorr und Domestos unter seinem Dach vereint, zwei Drittel seiner 1 500 Konsumgütermarken aufgegeben.

Als Cescau nun die europaweite Zusammenlegung und Auslagerung von Zentralfunktionen wie etwa der Informationstechnologie und der Personalverwaltung ankündigte, platze dem bis dahin geduldigen Konzernbetriebsrat der Kragen: »Statt mit Märkten, Marken, Trends und Verbrauchern beschäftigen wir uns weiter mit Restrukturierungen, also mit uns selbst«, klagte er medienwirksam. Doch die Umbauarbeiten gingen weiter. Sie erreichten im November 2006 einen neuen Höhepunkt, als Unilever die Tiefkühlkostsparte mitsamt der Traditionsmarke Iglo an den Finanzinvestoren Permira verkaufte. Erstaunlich genug: Der neue Eigentümer, der sich nach außen dezent zurückhält, schaffte ohne Entlassungen in kurzer Zeit eine Trendwende. Zwischen Juli 2007 und Juni 2008 stieg der Umsatz um 5 Prozent.

Ob bei Daimler oder Unilever: Veränderung ist Kult. Ein Restrukturierungsprogramm jagt das nächste. Kein neuer Chef kommt, der nicht erst einmal verkrustete Strukturen aufbrechen will. Das tut einerseits in so manchem schwerfälligen Firmentanker Not. Andererseits fehlt den Umstrukturierern allzu oft das rechte Maß. Anstatt Kraft für Neues freizusetzen, hemmen sie das Wachstum.

Natürliche Vorteile der Kleinen

So sind in vielen Konzernen auch die eigenen Führungskräfte vor allem mit sich selbst beschäftigt. Machtspiele, das Sichern der eigenen Position in den sich stetig wandelnden Strukturen, blockieren einen großen Teil der Arbeitskraft. So geben Führungskräfte aus Großunternehmen in Umfragen regelmäßig an, dass sie 50 bis 70 Prozent ihrer Energie benötigen, um interne Widerstände zu überwinden. Mittelständler stehen besser da: bei ihnen liegt die Quote der durch interne Rangeleien verpufften Energie bei 20 bis 30 Prozent.[1]

Das heißt nicht, dass dort immer alles beim Alten bleibt. Stillstand können sich auch die Kleineren gar nicht leisten. Denn längst sitzt die Konkurrenz von mittelständischen Automobilzulieferern, Maschinenbauern oder Konsumgüterproduzenten nicht mehr nur in der direkten Nachbarschaft. Die Firmen stehen im Wettbewerb zu Unternehmen in aller Welt. Das kann nur, wer die Kosten stets im Blick hat, interne Strukturen immer wieder infrage stellt und nie nachlässt, neue Produkte zu entwickeln und alte zu verbessern. Wandel muss Programm sein.

In Umbruchzeiten allerdings können kleine und mittlere Unternehmen ihre Vorteile ausspielen. Besonders gut schaffen viele Familienbetriebe den Brückenschlag zwischen lieb gewonnener Tradition und Fortschritt. Durch überschaubare Größe und schlanke Hierarchien arbeiten Mitarbeiter aus den verschiedensten Abteilungen oft auf Zuruf, ohne langwierige Formalitäten zusammen. Kurze Entscheidungswege und durchlässige Strukturen machen gut geführte Betriebe offen für Innovationen. Gleichzeitig legen sie Wert auf ihre Geschichte und sind verlässliche Arbeitgeber. So geben sie ihren Beschäftigten genügend Sicherheit, um kreativ zu sein.

Dass ein gewisses Maß an Sicherheit und Konstanz nötig ist, um Kreativität entfalten zu können, wusste schon der amerikanische Psychologe Abraham Maslow. Er entwickelte in den Vierzigerjahren ein Modell, um die Motivation von Menschen zu beschreiben: die Maslowsche Bedürfnispyramide. Erst wenn die Bedürfnisse der unteren Stufen wie Gesundheit oder Sicherheit befriedigt sind, so seine Theorie, strebt der Mensch nach den nächsten Stufen – soziale Kontakte, Anerkennung und schließlich Selbstverwirklichung. Den Kopf frei für Kreativität hat danach also nur, wer nicht Tag für Tag um seinen Arbeitsplatz bangen muss.

Kreativität im Kopf

Zu viel Ruhe und Sicherheit, das haben moderne Hirnforscher herausgefunden, sind allerdings auch gefährlich. »Kreativität im Kopf entsteht durch permanente Bewegung«[2], weiß die Quantenphysikerin und Hirnforscherin Danah Zohar. Sie studierte Physik und Philosophie am renommierten Massachusetts Institute of Technology (MIT), außerdem Religion und Psychologie an der Harvard University. Sie schult heute Manager in Großkonzernen wie etwa Shell, Philipp Morris oder Volvo in Sachen Kreativität und Innovation.

»Das menschliche Gehirn ist eine fabelhafte Konstruktion«, findet Zohar. Denn es kann ideal auf neue Herausforderungen reagieren: Es organisiert sich selbstständig neu, legt neue Nervenverbindungen, löst alte auf. So machen Veränderungen Menschen kreativ. »Wenn es keine Veränderungen gibt, wird das Gehirn träge, stumpft ab und baut keine neuen Strukturen mehr auf.«

Zohar überträgt diese Erkenntnis auf Unternehmen. Auch die müssen sich wandeln, wenn sie innovativ sein wollen. Schlüssel dazu ist, dass sie ein »hohes Maß an Selbstorganisation« ihrer Mitarbeiter zulassen. Idealerweise sollte jede Einheit, jeder Bereich, jede Abteilung, jedes Team die Möglichkeit haben, eigene Strukturen zu schaffen und diese auch selbst zu verändern. Herrschen dagegen in einem Unternehmen starre Hierarchien und Kontrolle vor, kann das eine Zeit lang funktionieren. »Aber kreativ sind solche Unternehmen nicht.«

Grundsätzlich ist die Art von Selbstorganisation der Mitarbeiter, wie Zohar sie beschreibt, auch in Großunternehmen und Konzernen möglich. Dort ist der Aufwand, einzelne Einheiten zu koordinieren, jedoch ungleich größer als in kleineren Betrieben. Auch müssten sich Manager unter diesen Umständen von der Illusion verabschieden, sie könnten alles zentral steuern.

Bausteine zum Erfolg

Von oben erzwingen lassen sich Innovationen ohnehin nicht. Bis heute tappt die Wissenschaft darüber im Nebel, auf welche Weise Firmen Neuerungen hervorbringen und ihre Mitarbeiter kreativ werden lassen. Verschiedene Bausteine allerdings sind unbestritten: Das sind erstens einzelne Persönlichkeiten als Impulsgeber, zweitens ein offenes Ohr für die Bedürfnisse der Konsumenten, drittens ein reger Austausch mit Wettbewerbern, Lieferanten und der Wissenschaft und viertens – so banal das klingen mag – Zufall und Glück.

Bei einigen dieser Komponenten haben Mittelständler durchaus Vorteile. Die Initialzündung für so manches bis heute erfolgreiche Familienunternehmen gab ein Gründer mit innovativen Ideen. Diese »Impulsgeber« wollten nicht selten ein handfestes Problem lösen. So konnte die Großmutter von Claus Hipp im Jahr 1898 ihre Zwillinge nicht stillen. Großvater Joseph Hipp, ein Konditormeister, hatte eine Idee, die Geschichte schreiben sollte: Er zermahlte trockenen Zwieback und verrührte das Pulver mit Milch. Ein nahrhafter Babybrei entstand. Die Zwillinge gediehen prächtig – die Geschäfte

auch. Enkel Claus Hipp ist heute deutscher Marktführer für Babykost und exportiert seine Gläschen nach ganz Europa.

Artur Fischer wurde von seinem ehemaligen Lehrherren gebeten, doch mal einen Dübel herzustellen, der hält. Das, was er daraufhin präsentierte, übertraf alle Erwartungen und machte ihn zu einem reichen Mann: Ein Spreizdübel aus witterungsresistentem
Nylon, der bis heute in aller Welt zum Einsatz kommt. Jeden Tag
stellt die Firma Fischer über zehn Millionen Dübel her. Aber damit
nicht genug. Der Unternehmer und Erfinder Artur Fischer, der die
Geschäfte inzwischen an seinen Sohn weitergegeben hat, hält über
1000 weitere Patente – darunter das für das Fischertechnik-Baukas-
tensystem und ein Synchron-Blitzlichtgerät für Fotoapparate.

Auch beim zweiten Baustein, dem Gespür für Kundenwünsche,
stehen viele kleine und mittlere Unternehmen gut da. Sie agieren in
Nischenmärkten und bekommen von ihren Nutzern noch recht un-
mittelbares Feedback. So manches Unternehmen schafft es sogar,
diesen mittelständigen Geist im Wachstum zu bewahren. Bei Miele
etwa, das mit seinen Haushaltsgeräten inzwischen fast 3 Milliarden
Euro umsetzt, landen Briefe von Kunden, die an die Geschäftsleitung adressiert sind, bis heute auf dem Tisch des Eigentümers. Da
seien Fanbriefe dabei, aber auch Beschwerden und konkrete Verbes-
serungsvorschläge, erzählt Markus Miele, der das Unternehmen gemeinsam mit seinem Partner Reinhard Zinkann in vierter Generation führt. Oft antwortet er persönlich. Immer gibt er Anregungen
an die zuständigen Entwickler im Unternehmen weiter.

Großkonzernen wie Daimler, BMW oder Volkswagen mangelt es
keineswegs an Kundenwünschen. Auf die Händler weltweit prasseln
täglich Zigtausende von Beschwerden und Verbesserungsvorschlä-
gen ein. Das Problem liegt darin, sie zu filtern und an den richtigen
Mitarbeiter im Konzern – sei es in der Entwicklung, im Marketing
oder im Vertrieb – weiterzuleiten. In der Masse von Unnützem geht
da so manche zündende Idee verloren.

Wie wichtig es ist, auf die richtigen Kunden zu hören, predigt Eric
von Hippel, Professor an der MIT Sloan School of Management, seit

Jahren. Er hat den »Lead User« ausgemacht, denjenigen Nutzer, der Innovationen liebt und dem Markttrend voraus ist.[3] Der leiste mehr als ganze Entwicklungsabteilungen. So hätten sich beispielsweise erfinderische Sportler geländegängige Fahrräder zusammengeschraubt, lange bevor die großen Herstellerfirmen mit Mountainbikes in die Serienproduktion gingen. Auch Handy-Kurznachrichten (SMS), die den Mobilfunkfirmen heute riesige Umsätze bringen, wurden von Nutzern erfunden. Zumindest einige Konzerne bemühen sich inzwischen, von solchen versierten Kunden zu profitieren. So stellte zum Beispiel BMW einen virtuellen Werkzeugsatz auf seine Website und erlaubte Kunden damit, online Ideen zu entwickeln. Unter rund 1000 Nutzern wählte BMW dann fünfzehn aus und lud sie zu einem Treffen ein mit den Ingenieuren des Konzerns.

Baustein Nummer drei, der rege Austausch mit Wettbewerbern, Lieferanten und der Wissenschaft, ist gerade für Mittelständler eine gute Möglichkeit, Neuerungen zu generieren. So mancher Großkonzern, etwa in der Chemie- oder Pharmaindustrie, beschäftigt große Forschungsabteilungen. Kleinere Firmen dagegen sind auf Kooperationspartner angewiesen. Viele Mittelständler haben das inzwischen erkannt und schaffen sich entsprechende Netzwerke.

Arndt G. Kirchhoff ist passionierter Förderer eines solchen Netzwerks. Mit seinen beiden Brüdern und dem Vater führt er in vierter Generation den Automobilzulieferer Kirchhoff-Gruppe im Sauerland. Als in den Neunzigerjahren in der Autobranche der globale Wettbewerb härter wurde, ging er ungewöhnliche Wege: warum nicht zusammenarbeiten mit den Wettbewerbern in der Region? Warum nicht mit vereinter Kraft neue Techniken entwickeln und so gemeinsam dem Druck der Konzerne trotzen? Das Netzwerk VIA (Verbund Innovativer Automobilzulieferer in der Region Südwestfalen) entstand, dem heute 16 Unternehmen angehören. Inzwischen gibt es fünf Gemeinschaftsunternehmen, die Innovationen vorantreiben und allen Mitgliedern zugänglich machen.

»Gemeinsam sind wir stark« heißt auch das Motto in verschiedenen Untergruppen – zum Beispiel dem Einkaufspool. Ressourcen wie Strom oder Gas kaufen die Unternehmen im Verbund. So sichern sie sich Konditionen, wie Konzerne sie erhalten. Aus kleinen und mittleren Firmen werden in der Gemeinschaft mächtige Verhandlungspartner.

Der vierte Baustein für Innovationskraft allerdings lässt sich auch durch die größten Gemeinschaftsanstrengungen nicht erzwingen: der pure Zufall. Der ist bei großen und kleineren Neuerungen, die die Welt bewegen, nicht zu unterschätzen. Zum Beispiel bei der Entdeckung des Penicillins. Der Mediziner Alexander Fleming ging im Spätsommer 1928 in den Urlaub und ließ eine Bakterienkultur offen im Labor stehen. Als er zurückkam, war er erstaunt: Ein Schimmelpilz hatte die angrenzenden Bakterien getötet. Er folgte dem Wink des Zufalls, forschte weiter und entwickelte schließlich einen Wirkstoff, der weltweit Millionen von Menschen das Leben retten sollte.

Weniger spektakulär, aber kaum weniger bekannt wurde eine Erfindung von Arthur Fry und Spencer Silver. Für den US-Konzern 3M hatten die beiden Wissenschaftler bereits eine Weile mit Klebstoffen experimentiert. Ein Produkt, das partout nicht auf Dauer haften wollte, buchten sie schon als Fehlschlag ab – bis Fry im Kirchenchor einen Geistesblitz hatte. Er verpasste den Einsatz, so will es die Legende, weil ihm das Lesezeichen aus dem Gesangbuch gefallen war. Was, wenn man solche Zeichen einfach ankleben könnte? Die Idee der Post-it Haftnotizen war geboren. Die kleinen gelben Merkzettel wurden zum Verkaufsschlager. Heute kleben sie auf Computerbildschirmen, Aktendeckeln und Kühlschränken rund um den Globus.

Die Wege zum Erfolg lassen sich eben oft nicht planen. Nicht strenge Hierarchien und große Anstrengungen, sondern Mut zum Ungewöhnlichen und Freiheit entfesseln oft kreative Ideen.

Geld ist nicht alles

Das erklärt, warum sich Innovationsführerschaft mit Geld allein nicht kaufen lässt. Überhaupt sind die Ausgaben, die ein Unternehmen für Forschung und Entwicklung tätigt, nur ein vager Anhalts-

punkt für seine Innovationskraft. »Money isn't everything«, hat die
Unternehmensberatung Booz Allen Hamilton in einer Studie unter
den globalen Top 1000 forschender Firmen herausgefunden.[4] Ein
Schlüssel zum Erfolg sind die internen Strukturen. Wie klappt die
Zusammenarbeit zwischen den Abteilungen? Wie schaffen neue
Ideen den Weg durch die Organisation? Wie stark können sich ein-
zelne Mitarbeiter entfalten?

So manches deutsche Familienunternehmen, das mit seinen Produkten oder Dienstleistungen Marktnischen im In- und Ausland
beherrscht, vereint viele der oben beschriebenen Stärken. Es gibt
nicht selten einen erfinderischen Gründer als »Impulsgeber«. Mitarbeiter haben durch flache Hierarchien und offene Strukturen
Freiräume, um kreativ zu werden. Anregungen und Sorgen von
Kunden erreichen die Entscheider, anstatt in der Organisation zu
versickern. Und häufig organisieren sie auch einen regen Austausch
mit Wettbewerbern und Wissenschaftlern in der Region.

So entfalten viele Unternehmen – ganz unspektakulär – eine
große Innovationskraft. Sie sind in ihrem Segment seit Jahren oder
sogar Jahrzehnten Marktführer. Hermann Simon sieht gerade in ihrem Nischendasein den Grund dafür, dass die mittelständischen
Weltmarktführer die »Speerspitze der deutschen Wirtschaft« sind.[5]
Denn durch ihre spezielle Ausrichtung sind ihre Produkte unver-
zichtbar. Unaufgeregt verteidigen sie ihre Position auch in Zeiten
der Globalisierung – durch leise Erneuerung von innen heraus statt
in groß angekündigten Umstrukturierungswellen. Veränderungen
sind nicht Selbstzweck, Traditionen werden gepflegt.

Zum Beispiel beim Türenhersteller Dorma aus Ennepetal bei
Wuppertal. Dort gibt es jedes Jahr kurz vor Weihnachten »ein bisschen was fürs Herz«, wie der Inhaber Karl-Rudolf Mankel sagt. Dann
tritt der Chor des Unternehmens mit seinem Weihnachtsrepertoire
auf. In dunkelgrauen Anzügen und mit roten Krawatten geben die
zumeist betagteren Herren der Belegschaft im Stammwerk ein
Ständchen. Zum Schluss stimmen alle in »Oh du fröhliche« ein und
wünschen sich ein frohes Fest. So ist es in jedem Jahr. Und so soll es

bleiben. Denn ein bisschen deutsche Gemütlichkeit muss auch in einem Weltunternehmen sein, findet der Inhaber.

Rund 900 Millionen Euro setzt Dorma heute um, es gibt Tochtergesellschaften in 46 Ländern, eigene Fabriken auf allen fünf Kontinenten. Rund 7 000 Mitarbeiter, 2 500 davon in Deutschland, bauen und verkaufen Halterungen für Glasfassaden und gläserne Schiebe- und Schwingtüren. Aus dem Hause Dorma kommen funktionale Türdrücker aus Edelstahl, Falttüren für Shoppingcenter, schalldichte Automatik-Trennwände für Hotels, Sicherheitstüren oder automatische Schließsysteme – ausgezeichnet mit internationalen Designpreisen. Dorma hat das Weiße Haus in Washington ausgestattet, das Luxushotel Burj al Arab in Dubai und das Fußballstadion in Manchester. Hier ist er gelungen, der Brückenschlag zwischen Tradition und Fortschritt.

Effizienz um jeden Preis – Unternehmer sind pure Nutzenmaximierer

»Wow, Sie kommen aus Deutschland. Wie wunderbar!« Der grau melierte Verkäufer der Filiale von Rack Room Shoes in Spartanburg, South Carolina, läuft zur Hochform auf. Er stellt sich als »John« vor, misst die Füße seiner Kunden, zaubert aus meterhohen Stapeln mit Schuhkartons die richtigen Größen hervor, tastet nach Zehen unterm Leder – und schwärmt immer wieder von Deutschland. Dort wohnt schließlich sein Chef. »Und ohne den wäre ich hier längst ausgemustert«, sagt John. Wer wolle denn heute noch jemanden beschäftigen, der schon über 60 Jahre alt sei?

Johns deutscher Chef heißt Heinrich Deichmann. Er ist bekennender Christ und mit seinem Familienunternehmen der größte Schuhhändler Europas. 1984 wagten die Deichmanns, damals noch unter der Ägide des heutigen Seniors Heinz-Horst Deichmann, den Sprung über den Atlantik. Sie übernahmen die amerikanische Kette Lerner Shoes, zu denen auch Johns Arbeitgeber, Rack Room Shoes, gehörte.

So trug Deichmann seine Werte auch in die neue Welt. Und die sind sozial, den eigenen Mitarbeitern zugewandt – seit Generationen schon. Echte Verantwortung und Fürsorge gegenüber seinen Angestellten habe schon sein Vater praktiziert, erinnert sich Heinz-Horst Deichmann, wenn er an seine Kindheit in den Dreißigerjahren denkt. »Wir arbeiteten zusammen, wir aßen zusammen, die Kinder des Chefs und die der Mitarbeiter spielten zusammen. Dieser soziale Umgang miteinander war selbstverständlich.«[1]

Sein Sohn Heinrich, der heute die Geschäfte führt, berichtet von einem Kinderheim, das der Vater nach dem Zweiten Weltkrieg auf dem eigenen Grundstück baute. »Dann war es vollkommen selbstverständlich, dass unser Grundstück gleichzeitig der gemeinsame Spielplatz für alle Kinder war. Auch für mich.« Zur eigenen Betriebsrente für die Mitarbeiter, kostenlosen Kuren in der Schweiz und einer Unterstützungskasse für Angestellte in Not war es da nicht weit. Dass sich soziales Handeln auch wirtschaftlich rentiert, haben die Deichmanns längst erkannt. »Schauen Sie sich unser Wachstum an«, schwärmt Deichmann junior. »Unsere Mitarbeiter erzielen die höchste Pro-Kopf-Leistung im gesamten Schuheinzelhandel. Soziales Handeln lohnt sich. Mitarbeiter, die sich mit dem Unternehmen identifizieren, bringen auch eine höhere Leistung.«

Diese Einstellung der Deichmanns teilen viele große und kleine Familienunternehmen in Deutschland. Zu den bedeutendsten zählen der Versandhändler Otto, der Lebensmittelkonzern Oetker oder die C&A-Eigner Brenninkmeyer. Sie alle setzen auch in Zeiten der Globalisierung auf familiäre Werte. Beständigkeit und Verlässlichkeit sind ihnen im Zweifelsfall schon mal wichtiger als die kurzfristige Profitmaximierung. Und das zahlt sich auf lange Sicht auch für die Firma aus.

Dafür liefert neben der täglichen Praxis auch die Wissenschaft inzwischen immer mehr Belege. Es ist auch ökonomisch sinnvoll, die Mitarbeiter mit Respekt zu behandeln. Denn Werte wie Vertrauen und Fairness steigern die Arbeitseffizienz mehr als strikter Eigennutz.

Vertrauen verspielt

Viele Konzerne, die in ihren Personalentscheidungen Mitarbeiter vor allem als Kostenfaktoren betrachten, stehen nun schlecht da. Ihre Vorstände haben in den vergangenen Jahren viel Vertrauen verspielt. Schon in früheren Krisen folgte eine Kündigungswelle auf die nächste. Ganze Abteilungen wurden erst ausgegliedert und dann geschlossen. Sparen hieß die oberste Devise. Hauptaugenmerk von

Managern auf allen Ebenen lag auf den Kosten. Die galt es zu drücken, um, so das viel zitierte Argument, im globalen Wettbewerb zu bestehen. Kreativität, Loyalität oder Zusammengehörigkeitsgefühl – all das musste dahinter zurückstehen. Diese Strategie ließ auch die verbleibenden Mitarbeiter höchst verunsichert zurück. Viele von ihnen resignierten – schalteten um auf Dienst nach Vorschrift. Schließlich, so zeigten Beispiele aus dem eigenen Kollegenkreis, könne es jeden jederzeit treffen. Wurden denn nicht auch höchst verdiente Ältere in den Vorruhestand geschickt? Standen nicht auch Kollegen, die stets doppelten Einsatz gebracht hatten, auf den Listen für die erst outgesourcte und später geschlossene Geschäftseinheit? Die bittere Schlussfolgerung lag allzu nahe: Loyalität gegenüber dem Arbeitgeber lohnt sich nicht.

Etwas Grundlegendes ist schiefgelaufen. Das empfinden längst nicht mehr nur die unmittelbar Beteiligten. Erstaunlich unverblümte Kritik an eigenen Kunden kommt etwa von der internationalen Personalberatung Kienbaum. Beim »Wohlfühlfaktor« seien einige Großkonzerne inzwischen arg ins Hintertreffen geraten, sagt Eberhard Hübbe, Mitglied der Geschäftsführung. »Der Stellenabbau der vergangenen Jahre hat die Kultur verändert und die Stimmung nachhaltig getrübt.«[2]

Die klassischen Vorteile von Großunternehmen bei der Rekrutierung von Mitarbeitern wiegen dadurch nicht mehr so schwer. Auch heutzutage können Konzerne noch mit guten Ausbildungsgängen und modernen Fortbildungskonzepten punkten. Sie locken Bewerber mit Entwicklungsmöglichkeiten im In- und Ausland. Und häufig können sie bekannte Marken samt einem positiven Image bieten. Dieses Image jedoch ist durch Werkschließungen, Kündigungen und Produktionsverlagerungen zum Teil schwer angekratzt.

Mittelständler, die sich auch in Krisenzeiten um ihre einzelnen Mitarbeiter bemühen, haben die Lage dagegen besser im Griff. Besonders die traditionsbewussten Familienunternehmern unter ihnen gehen meist nachhaltiger als die Konzerne mit ihrer wichtigsten Ressource um: den Mitarbeitern.

Das belegt inzwischen auch die Wissenschaft: Das Institut für Mittelstandsforschung in Bonn stellte fest, dass viele kleine und mittlere Unternehmen Krisen überstanden haben, ohne die persönlichen Bindungen zu ihren Mitarbeitern zu lösen.[3] In Zeiten von akutem Fachkräftemangel haben sie dann oft die besseren Karten. Zwar können die Kleinen bei der Bezahlung nicht immer mit Großkonzernen mithalten, sie haben aber in anderen Bereichen eine Menge zu bieten.

So sind die Mitarbeiter kleinerer Betriebe oft zufriedener mit ihren Arbeitsbedingungen als ihre Kollegen im Konzern. Sie schätzen ihre Tätigkeit als abwechslungsreicher ein, können Arbeitsabläufe selbstständiger gestalten und fühlen sich in wichtige Unternehmensentscheidungen besser eingebunden. Häufig gelingt es den kleineren Betrieben, flexibel und schnell auf die Wünsche einzelner Mitarbeiter einzugehen. Sie haben nicht unbedingt Betriebskindergärten oder teure Programme zur Telearbeit. Doch dafür kann eine Mutter im Notfall ihr Kind schon mal mit ins Büro bringen oder es lassen sich andere Ad-hoc-Lösungen auf kurzem Dienstweg finden.

Zufriedenheit zahlt sich aus

Das alles steigert nicht nur die Zufriedenheit der Beschäftigten, sondern zahlt sich für die Unternehmen auch in barer Münze aus. Ein Blick auf die besten Arbeitgeber im deutschen Mittelstand bestätigt das.[4] Sie behandeln und motivieren ihre Mitarbeiter besser als andere Unternehmen, geben ihnen gute Möglichkeiten aufzusteigen sowie Job und Familie zu vereinbaren – und sie stechen ihre Konkurrenz auch bei Wachstumsraten und Gewinnen aus.

Wer aber ist ein »guter Arbeitgeber« und wer nicht? Hinweise gibt das Bauchgefühl der Mitarbeiter. Fühlen sie sich fair behandelt und wertgeschätzt? Oder nehmen sie sich eher als Instrument wahr, das vom Unternehmen eingesetzt wird, um Renditeziele zu erfüllen? In Vorbildfirmen wächst über Jahre eine Kultur des Vertrauens zwischen Chefs und Angestellten.

Doch dieses Vertrauen ist schnell verspielt. Wichtig ist vor allem, wie ein Unternehmen in schlechten Zeiten mit den Mitarbeitern umgeht. Hier können Familienbetriebe gegenüber Konzernen besonders gut punkten. Steht an der Spitze ein Unternehmer, den die Belegschaft als integer und verlässlich wahrnimmt, kann gemeinsam so manche Krise überwunden werden.

Das Beispiel des Weltmarktführers für die Prothesenherstellung Otto Bock zeigt, wie wertvoll ein vertrauensvolles Verhältnis zu den Mitarbeitern sein kann. Hans Georg Näder, der das niedersächsische Unternehmen in dritter Generation führt, verordnete seinen 2 000 heimischen Beschäftigten im April 2006 die 42-Stunden-Woche – ohne Lohnausgleich. Im Gegenzug versprach er Millioneninvestitionen in der Heimat. Die Mitarbeiter willigten ein, weil sie dem Chef vertrauten.

Kein Wunder, denn Näder ist eng verwachsen mit der Firma und seiner Heimat. Der Mann mit dem grauen Lockenkopf führt das Unternehmen in dritter Generation. Sein Großvater Otto Bock hatte es 1919 in Berlin gegründet, der Vater Max Näder baute es nach dem Krieg im niedersächsischen Duderstadt wieder auf. Hier ist der heutige Chef geboren, dies ist seine Heimat. Ihm nehmen die Mitarbeiter echtes Interesse an ihnen und der Region ab. Nie sei er »Huckepack mit dem Unternehmen um die Welt gezogen«, sagt der Chef. Nie habe er mit Verlagerung gedroht. Und Näder überzeugt mit seinem Erfolg. In seinen 19 Jahren an der Unternehmensspitze hat er den Umsatz verfünffacht, die Zahl der Mitarbeiter auf knapp 4 000 verdreifacht. »Das schafft Vertrauen«, sagt er stolz.

Ökonomen denken um

Die Bereitschaft, anderen zu vertrauen, und der Sinn für die Gemeinschaft haben sich in den vergangenen Jahren auch zu gewichtigen Größen in der Wirtschaftstheorie entwickelt. Eigennutz ist längst nicht die einzige Motivation für den modernen Wirtschaftsmenschen. Der ist – ob als Unternehmer, Arbeitnehmer oder Konsument

– eben kein reiner Nutzenmaximierer, der allein auf seinen eigenen Vorteil bedacht ist. Das hat inzwischen eine ganze Reihe von renommierten Ökonomen erkannt und beginnt, sich vom jahrzehntelang zementierten Bild des Homo oeconomicus zu verabschieden.[5] Ein Pionier auf diesem Gebiet ist der erste Deutsche, der mit dem Wirtschaftsnobelpreis geehrt wurde: Reinhard Selten. Der Mathematiker von der Universität Bonn bekam den Preis im Jahr 1994 allerdings für seine rationalen Modelle in der Spieltheorie. Über diese, so erzählte Selten vor kurzem bei einem Besuch in Berlin, hatte er sich zu dieser Zeit aber schon längst hinausentwickelt.[6] »Der Mensch ist gar nicht in der Lage, voll rational zu sein«, sagt der Forscher. Die täglichen Entscheidungsprobleme seien so komplex und die menschliche Auffassungsgabe sei so beschränkt, dass sich jeder nur um einen kleinen Ausschnitt der Wirklichkeit kümmern könne. Irgendwelche imaginären Nutzenfunktionen zu maximieren sei da gar nicht möglich.

Und Selten geht sogar noch einen Schritt weiter: »Man weiß längst, dass Menschen nicht rein egoistisch motiviert sind«, sagt er. Beweise dafür hat der Wissenschaftler in langen Reihen von Experimenten gesammelt. Darin spielen die Teilnehmer unterschiedliche Spiele mit genau fixierten Regeln. Oft geht es um reales Geld. Und die Ergebnisse sind eindeutig: Die Teilnehmer können und wollen gar nicht ausschließlich den eigenen Nutzen maximieren. Vielmehr wollen sie auch eigenen moralischen Vorstellungen entsprechen. Sie zeigen sich kooperationsbereit, schenken Vertrauen – schlagen aber auch zurück, wenn sie enttäuscht werden.

Welche Lehren Unternehmer und Manager daraus ziehen können, zeigt eine Studie von Seltens jüngerem Kollegen Armin Falk, der heute das von dem Nobelpreisträger gegründete »Laboratorium für Experimentelle Wirtschaftsforschung« an der Universität Bonn leitet. In Versuchen wies er nach, dass Kontrolle verheerende Auswirkungen auf Motivation und Leistung haben kann. Wenn Führungskräfte der Leistung ihrer Mitarbeiter misstrauen, werden sie tatsächlich mit schlechten Leistungen bestraft. Sind sie dagegen optimistisch und lassen ihren Angestellten freie Hand, erreichen sie deutlich bessere Ergebnisse.[7] Schon ist von einem neuen Typ Mensch die Rede. Es ist ein menschlicherer Mensch, nicht nur auf Eigennutz programmiert – eine Art »Homo oeconomicus humanus«[8]. Dem Homo oeconomicus genügte noch die Aussicht auf mehr Geld, um ihn zu bestimmten Handlungen zu motivieren. Der Homo oeconomicus humanus wünscht sich zudem ein System, das die Regeln der Gerechtigkeit nicht verletzt. Darin überwindet er immer wieder seinen Egoismus und bringt so von sich aus die Gemeinschaft voran.

Schmiermittel dieser neuen Wirtschaftswelt ist das Vertrauen unter den Handelnden, ihre Fähigkeit, in Beziehungen und gemeinsame Projekte zu investieren. Eine vorsichtige Großzügigkeit, sich selbst und anderen gegenüber, ist da die erfolgreichste Strategie.

Sozialer, als wir denken

Wirtschaft und Gesellschaft scheinen also gerade dabei zu sein, das Verhältnis von Egoismus und Sozialem neu zu definieren. »Wir sind viel sozialer, als wir denken«, stellt der Präsident der Universität Witten/Herdecke, Politökonom Birger Priddat, fest. Auch Unternehmer und Manager stellten sich zunehmend die Frage, was sie als Bürger für die Gesellschaft tun könnten. Das gelte besonders für Familienunternehmer mit längerer Tradition. Sie spürten häufig schon aufgrund ihrer Firmengeschichte eine besondere moralische Verantwortung und investierten mehr als so manche kapitalmarktorientierte Aktiengesellschaft in »Haltungskapital«. Sie verzichteten auf aktuelle Gewinnmöglichkeiten und setzten auf einen »Return on Investment« in Form von Vertrauenswürdigkeit, stabilen Geschäftspartnerbeziehungen und natürlich auch langfristigem Gewinn. Diesen Trend beobachtet Priddat sogar in den USA. Auch dort rücke neben dem reinen Geldkapital zunehmend auch »trust capital« und »social capital« in den Fokus.

Wie stark sich besonders Familienunternehmer in der gesellschaftlichen Verantwortung sehen, zeigt der Blick in die Praxis. Untersuchungen zufolge engagieren sich die Patriarchen häufig aus innerer Überzeugung in ihrem direkten regionalen Umfeld – von der Förderung eines Technikmuseums über die Einrichtung eines Betriebskindergartens bis hin zum Neubau eines Gemeindehauses.[9] Auch die Förderung von Schulen und Universitäten sowie Aus- und Weiterbildungsangeboten ist ihnen ein Anliegen. Anders als Großunternehmen, die auch viele ihrer PR-Maßnahmen unter dem Stichwort »Corporate Social Responsibility« (CSR) vermarkten, agieren Familienunternehmer mit ihren Wohltaten oft im Stillen. Zudem haben sie besonders die Nöte und Sorgen der eigenen Mitarbeiter im Blick.

So manche ganz persönliche Geste von Familienunternehmern zeigt, wie eng sie sich ihren Angestellten verbunden fühlen. Konzernpatriarch Rudolf-August Oetker feierte seinen 90. und letzten Geburtstag mit Menschen, die ihm besonders am Herzen lagen: seinen Mitarbeitern. 500 Pensionäre lud das Oberhaupt von Deutschlands bekanntester Industriellendynastie am 20. September 2006 zum späten Frühstück in den Park seines Bielefelder Landhauses. Für den Gastgeber der alten Schule war dieser Empfang Pflicht und Freude zugleich. Denn der Traditionsunternehmer fühlte sich seinen Mitarbeitern stets nah. Schließlich haben sie den Aufstieg des Puddingpulverherstellers zum Weltkonzern erst ermöglicht. Und das hat ihnen der »Wirtschaftswunder-Kapitän« Zeit seines Lebens nicht vergessen.

Big is beautiful – Banken können nur an den Großen verdienen

Es war ein grauer Novembertag in Berlin, neblig und trüb, als der Banker Carl von Boehm-Bezing einen einschneidenden Strategiewechsel seines Hauses verkündete. Der Vorstand der Deutschen Bank für den Bereich Unternehmen und Immobilien hatte Journalisten in die elegant renovierte Filiale »Unter den Linden« geladen. Er wolle »neue Angebote für den Mittelstand« präsentieren, stand auf der Einladung. Dann aber sagte von Boehm-Bezing zwei Sätze, die so gar nicht nach generösen »Angeboten« für kleine und mittlere Unternehmen klangen: »Nur für Kredite können wir unter den derzeit obwaltenden Konditionen nicht mehr zur Verfügung stehen.« Kredite würden vielmehr fortan als »strategische Ressource« betrachtet für diejenigen Kunden, die die Absicht haben, »auch andere Bausteine unseres breiten Produktangebots umfänglich zu nutzen«.

Im Klartext: Die Deutsche Bank knüpfte ihre Kreditvergabe für Betriebe an zusätzliche Bedingungen. Die Firmenkunden sollten auch andere Geschäfte bringen. Wer das nicht wollte oder konnte, sei's drum, der war für die Bank als Kunde auch nicht mehr interessant. Der Wunsch der Bank, verlustbringende Kredite mit dem Verkauf gewinnbringender Produkte zu kombinieren, ist nachvollziehbar. So brüsk verkündet stieß er allerdings viele Mittelständler vor den Kopf. Da half es wenig, dass von Boehm-Bezing an diesem Novembertag im Jahr 1999 versicherte, das Engagement gegenüber dem Mittelstand bleibe selbstverständlich »stabil und auf Wachstum ausgerichtet«. Und auch seine Werbung für »neue Aktivitäten«

wie den Aufbau eines Netzwerks von Business Angels (Geld- und Ratgeber für Gründer) verpuffte.

Am nächsten Tag berichteten die Zeitungen vom Nasenstüber für die Kunden aus dem klassischen Mittelstand.[1] Denn Boehm-Bezings Pläne zur Jahrtausendwende standen ganz im Zeichen der Zeit. Internationales Investmentbanking und Großfusionen hießen damals die Zauberworte. Dort schlummerte das große Geschäft für die Banken – mit dieser Einschätzung stand die Deutsche Bank nicht allein. Wenn man sich schon mit Kleinen abrackern müsse, dann sollten das, bitte schön, Firmen mit »Potenzial« sein.

Ungeliebter Mittelstand

Kleine Start-ups aus der Hoch- und Biotechnologie schrieben Ende der Neunzigerjahre die großen Wachstumsgeschichten. Sie wollte man begleiten, von der Suche nach Business Angels bis hin zum Verkauf von Anteilen an Investoren oder gar zum Börsengang. Die klassischen deutschen Mittelständler, all die vielen kleinen Autozulieferer, Maschinenbauer und Außenhändler, waren nicht mehr so interessant. Folglich stellten sich Großbanken neu auf und schraubten das Kreditgeschäft mit diesen Firmen zurück.

Doch das war ein fataler Irrtum. Jahre später ist der Boom der New Economy Geschichte. Einst hofierte Investmentbanker sind als Beschleuniger der Finanzmarktkrise in Verruf geraten. Und die großen Banken bemühen sich händeringend, die soliden Kunden zurückzugewinnen, die sie vor Jahren so nachlässig verprellten.

Denn im globalen Wettbewerb liegt die Zukunft eben nicht nur bei den Großen. Wider Erwarten konnten sich auch viele kleine und mittlere Betriebe behaupten. Sie besetzen mit ihren Qualitätsprodukten »Made in Germany« Nischen auf dem Weltmarkt. Dort agieren sie flinker und flexibler als die meisten Großkonzerne. Etwa 350 000 exportierende Unternehmen gibt es in Deutschland. 98 Prozent davon sind Mittelständler mit weniger als 50 Millionen Euro Jahresumsatz.[2] Sie konnten beim Export in den vergangenen

Jahren besonders kräftig zulegen. Hinzu kommen einige 1 000 Unternehmen des gehobenen Mittelstands mit Umsätzen von 50 Millionen bis 1 Milliarde Euro. Viele von ihnen sind gut aufgestellt, haben einen soliden Eigenkapitalpuffer und manövrieren sicher durch die Krise. Sie sind Kunden, an denen die Banken und Versicherungen heute viel Geld verdienen können. Für sie rollen sie den roten Teppich aus.

Vor zehn Jahren aber sollte der Fußabtreter reichen. Besonders ruppig behandelte die Deutsche Bank die kleinen Unternehmen. Sie sortierte Ende der Neunzigerjahre sämtliche Kunden neu, nach den Firmen, die der Bank vermeintlich gute Geschäfte bringen würden – und dem großen Rest. Diesen großen Rest schob das Institut zusammen mit den Privatkunden zum neu gegründeten Bereich DB 24. Damit allerdings stießen sie so manchen Unternehmenschef, der von seiner Bank mehr erwartete als Produkte von der Stange, vor den Kopf.

Verärgerte Kunden

Johannes W. erinnert sich noch genau an den ersten Brief, den er von der DB 24 bekam. So etwa im Jahr 1999 müsse das gewesen sein, als er las, die neue Gesellschaft sei nun für ihn »zuständig«. Verdutzt rief W. – seit vielen Jahren privat und geschäftlich Kunde – bei der Deutschen Bank an und fragte, warum denn nicht alles beim Alten bleiben könne. »Da haben die mir doch glatt gesagt, mir fehle das ›Potenzial‹.« W. ist heute noch empört, wenn er von dieser »Unverschämtheit« berichtet. Was den Bankern vielleicht entgangen war: Der Privatmann Johannes W. führt geschäftlich ein Unternehmen mit rund 1 000 Mitarbeitern der Automobilzulieferindustrie. Noch am selben Tag kündigte er sämtliche Konten bei der Bank, die der Firma und die der Familie. Und eines ist für ihn auch zehn Jahre später noch sicher: »In dieser Generation arbeiten wir mit dieser Bank nicht mehr zusammen.«

So wie der Automobilzulieferer aus Bayern denken viele Unternehmer. In Umfragen unter Chefs von kleinen und mittleren Firmen schneidet die Deutsche Bank regelmäßig desaströs ab. So landete sie im November 2008 in einer Forsa-Umfrage unter 1000 Firmenlenkern nach der »besten Mittelstandsbank« auf dem abgeschlagenen letzten Platz.[3] 24 Prozent der Befragten nannten das größte deutsche Kreditinstitut die »schlechteste Bank für den Mittelstand«. Kein anderes Institut ist derart unbeliebt. Die Postbank, auf dem zweitletzten Platz, wurde dagegen nur von 4 Prozent der Befragten als schlecht bewertet.

Wilhelm von Haller, als Mitglied der Geschäftsleitung Firmenkunden Deutschland bei der Deutschen Bank speziell für den Mittelstand zuständig, weiß sehr wohl um die Probleme. Er erklärt sie allerdings vor allem mit Unwissenheit. »Besonders bei kleineren Unternehmen haben wir zum Teil ein Wahrnehmungsproblem«, sagt von Haller. Dort sei der Ruf der Deutschen Bank schlecht. »Aber wer uns kennt, hat eine deutlich bessere Meinung von uns.«

Auch in anderen zentralen Bereichen ist nach Einschätzung von Hallers vor allem die Kommunikation schiefgelaufen. Richtig und notwendig sei es gewesen, die Kunden in Segmente aufzuteilen. Dies allerdings in aller Öffentlichkeit zu tun und massenhaft Kunden damit zu düpieren, war wohl eher der falsche Weg. Sinnvoll war es nach den Worten von Hallers auch, neben dem klassischen Kreditgeschäft »andere Einnahmequellen zu erschließen«. Genau das war es ja, was Vorstand Boehm-Bezing auf der Pressekonferenz so wenig verblümt angekündigt hatte: Kredite für den Mittelstand sollte es selbstverständlich noch geben. Sie sollten für die Bank aber ein Türöffner sein für andere Geschäfte mit dem Unternehmen.

Die Einsicht dahinter, so von Haller, bleibt bis heute richtig: Kredite allein seien kein nachhaltiges Geschäft mehr. Nicht umsonst sei die Deutsche Industriebank (IKB) gescheitert, die über 80 Prozent ihrer Erträge aus dem Kreditgeschäft speiste. Früher, in den Fünfziger- und Sechzigerjahren, habe in Deutschland selbst der Dümmste mit Krediten Geld verdienen können. Sogenannte Soll- und Habenzinsabkommen, die vom Staat für allgemeinverbindlich erklärt wurden, garantierten den Banken seit den Dreißigerjahren satte Margen. Im Jahr 1967 wurde diese Zinsbindung aufgehoben. Der Wettbewerb unter den Banken schmälerte fortan die Gewinne. Zudem stieg nach der Phase des Wirtschaftswunders das Risiko von Kreditausfällen. Ohne das Kreditgeschäft aber geht es auch nicht. Und hier kommt die einst so rigoros betriebene Kundensegmentierung ins Spiel. Kredite sind das Hauptgeschäft mit Privatkunden und kleinen Firmen, die 1999 unerwünscht waren. Diese Kunden bringen aber durch ihre Einlagen jenen steten Geldfluss, der für die Bank lebenswichtig ist – auch als Grundlage für das einträgliche Investmentbanking. Das wird besonders in der Finanzkrise deutlich, in der die Liquidität knapp ist.

Volle Kraft zurück

Kein Wunder also, dass die Großbanken inzwischen kräftig zurückrudern. Privatleute, aber auch kleine und mittlere Firmen sind wieder heiß umworbene Kunden. Speziell bei den Familienunternehmen gehört beides oft zusammen. Da überschneiden sich die Bankverbindungen der Firma und der Familienmitglieder. Gute Verbindungen zu den Privatpersonen sind nicht selten die Eintrittskarte zu interessanten Geschäften mit der Firma. Diese gehen, besonders im gehobenen Mittelstand, längst weit über klassische Kredite hinaus. Sie reichen von der Absicherung von Währungsrisiken bei Auslandsgeschäften über die Ausgabe von Genussscheinen oder stillen Beteiligungen bis hin zur Hilfe bei Firmenübernahmen.

Das haben nicht nur die Deutschbanker, sondern auch die Vorstände anderer Geldhäuser inzwischen erkannt. Entsprechend wichtig nehmen sie das Geschäft mit dem Mittelstand und ordnen ihre internen Strukturen neu. Bei der Dresdner Bank wurden nach der Übernahme durch die Commerzbank auch die kleineren Unternehmen nicht mehr mit den Privatkunden in einen Topf geworfen. »Damit konnte man den gestiegenen Ansprüchen vieler Firmen

nicht mehr gerecht werden«, erklärt der Vorstand für das Mittel-
standsgeschäft, Markus Beumer.[4] Blaupause für die neue Großbank
sei daher die Mittelstandsbank der Commerzbank, die auf umfas-
sende Beratung aus einem Guss setze.

Noch Ende der Neunzigerjahre hatten Banken, aber auch Versicherungen und die großen Wirtschaftsprüfer vor allem Deutschlands Großunternehmen im Visier. Dort wurden bei internationalen Fusionen riesige Summen bewegt, dort wurden Töchter an die
Börse gebracht, Mezzanine-Finanzierungen im großen Stil vereinbart. Mit gezielten Anstrengungen ließ sich da viel Geld verdienen.
Dagegen erschien das Klein-Klein der Mittelständler unübersicht-
lich und mühsam.

Doch die Zeiten haben sich geändert. »Die großen Kunden sind
längst verteilt«, sagt Frank Wallau, Geschäftsführer des Instituts für
Mittelstandsforschung (IfM) in Bonn. »Inzwischen sind im einst als
langweilig geltenden Firmenkundengeschäft die Prozesse optimiert,
und das Geschäft ist wieder interessant geworden.« Oft seien die
kleinen und mittleren Firmen auch Vehikel, um an vermögende Privatkunden heranzukommen.

Die Deutsche Bank jedenfalls legt sich beim Mittelstand stark ins
Zeug. Im Herbst 2008 bedruckte sie ganze Zeitungsseiten mit der
merkwürdigen Wortschöpfung »Mittelstandfest«. Darunter waren
verschiedene Schuhe abgebildet – von Pumps über Ärztelatschen
und Anzugtreter bis hin zu Wanderschuhen und Gummistiefeln.
Die Botschaft: Wir sind für alle da – auch für die Kleinen.

Eine Pressekonferenz im November 2008 fügt sich ins Bild. Genau neun Jahre nach dem forschen Auftritt von Boehm-Bezing verkündet die Deutsche Bank Erstaunliches: Trotz der Krise an den Finanzmärkten habe sie die Kredite für den Mittelstand deutlich
ausgeweitet. Um 11 Prozent auf 40 Milliarden Euro sei die Kreditvergabe im vergangenen Jahr gestiegen. Ausgerechnet Kredite für die
Kleinen. Ausgerechnet von der Deutschen Bank. Die Banker nutzen
die Gelegenheit, um für ihre anderen Angebote zu werben. »Maßge-
schneiderte Lösungen« hätten sie für ihre »mittelständischen Kun-

den« zu bieten – vom Cash-, Risk- und Liquiditätsmanagement bis hin zur M&A-Beratung. Das alles sind selbstverständlich nur Angebote. Davon, dass deren Nutzung Bedingung sein könnte, um einen Kredit zu bekommen, ist nirgendwo mehr die Rede. Man möchte schließlich niemanden verprellen.

Irrtum Nummer 5

Billig sticht – Standorte rund um den Globus sind austauschbar

Die Wucht seiner Nachricht hat Martin Frechen offenbar selbst überrascht. »Heimkehr der Kuscheltiere«, »Der Teddy kommt nach Hause« und »Plüschtierhersteller flüchtet aus China« titelten die Zeitungen im Sommer 2008. Doch der Geschäftsführer des schwäbischen Traditionsbetriebs wiegelte in Interviews zunächst ab. Die Entscheidung, die Produktion aus China abzuziehen, sei doch schon vor Monaten gefallen, bremste der Chef. Warum denn all die Aufregung? Nun gut. »Der Teddy kehrt heim.« So könne man das wohl schon sagen.

Es ist nicht irgendein Teddy, von dem dort die Rede ist. Es geht sozusagen um den Urahn aller Teddybären. Erfunden hat ihn im Jahr 1902 der kreative Lieblingsneffe einer bis heute weltberühmten Schneiderin: Margarete Steiff. Die junge Frau, von Kinderlähmung gezeichnet, hatte zuvor aus Stoff schon kleine Elefanten, Affen, Esel, Pferde und Giraffen in Serie hergestellt. Den großen, internationalen Durchbruch aber brachten erst die Bären ihres Neffen Richard. Die Tiere mit der Seriennummer »Bär 55 PB« – sie waren 55 Zentimeter hoch, aus Plüsch (P), und hatten bewegliche (B) Arme und Beine – durfte der junge Mann auf der Leipziger Frühjahrsmesse präsentieren. Dort bestellte der Einkäufer des berühmten New Yorker Spielzeughändlers F.A.O. Schwarz gleich 3 000 Stück.

Bär 55 PB eroberte die Herzen von Kindern und Eltern in Amerika gleichermaßen. Unterstützung bekam er vom amerikanischen Präsidenten höchstpersönlich. Theodore Roosevelt, genannt Teddy, weigerte sich 1902 auf einem Jagdausflug, einen angebundenen

Jungbären zu erschießen. Die *Washington Post* druckte daraufhin auf ihrer Titelseite eine Karikatur des Präsidenten mit einem niedlichen Bären – und der Run auf »Teddy's Bear« begann.

Mehr als 100 Jahre lang kamen die berühmtesten Teddybären der Welt – die mit dem Knopf im Ohr – aus der deutschen Provinz. Im schwäbischen Giengen, dem Geburtsort von Margarete Steiff, behielt das traditionsreiche Unternehmen seinen Sitz. »Die Familie kennt ihre Wurzeln und ist ihnen verpflichtet«, betonte der Vorsitzende des Firmenbeirats, Friedhelm Steiff, noch 2003.

Ein Jahr später jedoch kam der Bruch. Der 1880 gegründete Familienbetrieb befand sich in einer schweren Krise. Zu lange hatte er sein Sortiment auf gut betuchte Sammler ausgerichtet, anstatt sich um Kinder als Kunden zu bemühen. Deren Eltern griffen verstärkt zu billiger Plüschware aus Fernost. Dort sah schließlich auch das Management von Steiff die Zukunft des Unternehmens. Im Jahr 2004 vergab es einen Teil der Produktion nach China.

Probleme in Fernost

In China aber wurde der Teddy endgültig zum Problembären. Der Ärger begann mit der Qualität. Steiff-Tiere sind Millimeterarbeit. Sitzt etwa ein Auge nur etwas schief, verrutscht ihr treuherziger Blick zum blöden Starren. Deshalb werden die Näherinnen sorgfältig angelernt. Etwa acht bis zwölf Monate dauert es, bis sie alle Kniffe beherrschen. Doch viele bleiben gar nicht so lange. Zahle eine neue Autofabrik nebenan nur ein wenig mehr, sei von einem Tag auf den anderen ein Großteil der Belegschaft weg, klagt Geschäftsführer Frechen.

Ein weiteres Problem waren die Lieferwege. Zwei bis drei Monate schipperten zum Beispiel Ladungen voller süßer kleiner Eisbären über die Weltmeere. Als sie endlich in Deutschlands Läden ankamen, war ihr Namenspatron, der echte Eisbär Knut aus dem Berliner Zoo, schon fast erwachsen. Vier Jahre nach dem Produktionsstart im Land der aufgehenden Sonne ist für Frechen, der 2006 die

Geschäftsführung übernahm, deshalb klar:»Das Engagement in China war ein Irrweg.«[1]

Steiffs Rückzug aus China ist kein Einzelfall. Er offenbart vielmehr einen zentralen Irrtum von so manchem Globalisierungseuphoriker: Standorte rund um den Globus sind eben nicht austauschbar.

Immer mehr Firmen erkennen das und bescheren dem Standort Deutschland ein unerwartetes Comeback. Einer Studie des Fraunhofer Instituts für System- und Innovationsforschung zufolge kommt etwa jeder fünfte Betrieb, der seine Produktion ins Ausland verlagert hat, wieder zurück.[2] Denn das Ziel, Kosten zu sparen, wird oft komplett verfehlt. So dauert es meist lange, bis die Produktion rund läuft. Zudem haben viele der untersuchten deutschen Automobilzulieferer die Kosten für die Betreuung und Koordination ihrer neuen Werke im Ausland zu knapp kalkuliert. Auch wenn sich alles eingespielt hat, betragen die noch etwa 2 bis 3,5 Prozent des Umsatzes am neuen Standort. Die Kosten für die Qualifizierung von neuen Arbeits- und Führungskräften werden den Forschern zufolge ebenfalls systematisch unterschätzt. Verkannt würden zudem oft die Möglichkeiten, am heimischen Standort noch kräftig Kosten zu sparen.

Die Outsourcing-Falle

Kein Wunder, dass Deutschlands Firmen in den vergangenen Jahren zuhauf in die Outsourcing-Falle tappten. Die Berater Johanna Joppe und Christian Ganowski haben Beispiele zusammengetragen, wie man es nicht machen sollte.[3] Da ist etwa das deutsche Dienstleistungsunternehmen, das seine Callcenter für Akquise und Kundenbetreuung nach Osteuropa auslagerte. Die Kunden verloren bei Telefonberatern mit starkem Akzent den Glauben an deutsche Qualität – und liefen in Scharen davon. Oder der Werkzeuggroßhändler, der, um die Kosten zu drücken, ein Schraubendreherset in China statt bei seinem angestammten deutschen Lieferanten bestellte. Die Werk-

zeuge waren zwar deutlich billiger, aber hierzulande kaum verkäuf-
lich – denn die versprochenen Prüfsiegel befanden sich nur ein Mal
in jeder Versandkiste, nicht aber auf jedem Werkzeug. Auf die Be-
schwerde soll der Verbindungsmann in China nur lapidar geantwortet haben:»Bei uns braucht ein Schraubenzieher keinen TÜV.«
Dass das einst so gepriesene Outsourcing oft eine Mogelpackung
ist, spricht sich offenbar herum. Denn die Zahl der Mittelständler,
die jetzt noch Verlagerungen ins Ausland planen, geht zurück. Die
Berater von Ernst & Young haben 360 mittelständische Industrieunternehmen nach ihren Plänen befragt.[4] Nur noch 13 Prozent wollten
Kapazitäten jenseits der Grenze aufbauen. Drei Jahre zuvor waren
es noch 19 Prozent gewesen. Wegen schlechter Qualität der Zulieferer und Problemen mit den eigenen Mitarbeitern hat eine Reihe
von Firmen sogar bereits den Rückzug angetreten. In den Jahren
2006 und 2007 verlagerten 6 Prozent der Unternehmen ihre Produktion nach Deutschland zurück.»Die große Verlagerungswelle ist
vorbei«, so das Fazit der Berater.

Das bedeutet freilich nicht, dass sich nun sämtliche deutsche
Mittelständler dem Motto des aus Funk und Fernsehen bekannten
T-Shirt-Herstellers Trigema anschließen. Der schickt seit Jahren zur
besten Sendezeit, kurz vor der Tagesschau, einen Schimpansen ins
Rennen, um dem Chef ein Treueversprechen zum Standort Deutschland abzunehmen. Der Affe, verkleidet als Nachrichtensprecher,
fragt:»Was sagt der Inhaber Herr Grupp dazu?« Schnitt. Herr Grupp
schlendert im dunkelblauen Anzug mit Goldknöpfen durch eine Fa-
brikhalle voller Näherinnen, holt gönnerhaft mit dem Arm aus und
antwortet:»Wir werden auch in Zukunft nur in Deutschland produzieren und unsere 1200 Arbeitsplätze sichern.«

Nähe zählt

Selbstverständlich investieren auch viele Mittelständler im Ausland. Sie bauen Fabriken in China, sie forschen in Indien, kaufen in
Osteuropa ein. Doch fast alle von ihnen bleiben in ihrer ursprüngli-

chen Region fest verwurzelt. Dort profitieren sie von der räumlichen Nähe zu Kooperationspartnern und Konkurrenten. Es entstehen Netzwerkstrukturen, die besonders kleinere Unternehmen im weltweiten Wettbewerb um Innovationen, neue Märkte und Fachkräfte stärken.

So straft die Praxis viele Globalisierungsfanatiker Lügen. In den Neunzigerjahren hatte gleich eine ganze Reihe von Wissenschaftlern den »Tod der Distanz« oder gar das »Ende der Geografie« prophezeit.[5] Könnte man Software-Entwickler in Indien, Texas und Timbuktu nicht bequem per Videokonferenz verbinden? Ließen sich die Börsenkurse der Wall Street etwa nicht in Echtzeit auf den Bahamas verfolgen? Die neue Technik, so das Argument, mache Standorte rund um den Globus austauschbar.

Doch die Wirklichkeit wollte dieser Logik nicht folgen. Geradezu paradox sei das, fand der Harvardökonom Michael E. Porter und erfand das »Location Paradox«[6] – eine Art »Ja-Aber«-Argumentation für Globalisierungsfreunde. Ja, Rohstoffe, Kapital und andere Ressourcen würden auf globalen Märkten gehandelt. Aber bei einigen Produktionsfaktoren komme es – paradoxerweise – eben doch sehr auf räumliche Nähe an. Und diese Faktoren sind gerade für Deutschlands Weltmarktführer zentral: Sie heißen Wissen, qualifizierte Arbeitskräfte und lokale Netzwerke.

Nicht umsonst haben sich in der Geschichte große und kleine Firmen aus ähnlichen Branchen immer wieder ganz nah beieinander angesiedelt. Clusterbildung nennen Ökonomen das. Solche Cluster gibt es überall auf der Welt. Und in Deutschland haben sie sich, gerade für den Mittelstand, immer wieder als besonders schlagkräftig erwiesen. Das galt im 18. und 19. Jahrhundert für die Eisenmacher und Messerschleifer rund um Solingen und Remscheid und das gilt bis heute für Maschinenbauzentren in Baden-Württemberg oder die Informations- und Biotechnologie im Großraum München.

Familienbetriebe profitieren besonders stark von den Vorteilen der Nähe. Sie haben über Jahrzehnte gewachsene Bande in der Region, sind mit anderen Betrieben, aber auch mit Forschungseinrich-

tungen in ihrer Umgebung vernetzt. Das stärkt ihre Wettbewerbsfä-
higkeit. Man kennt sich und man hilft sich. Das Institut der deutschen
Wirtschaft Köln (IW) hat herausgefunden, dass Familienbetriebe im
Durchschnitt 50 Prozent des Umsatzes im Umkreis von 50 Kilome-
tern erwirtschaften.[7] Bei anderen Firmen sind es nur 34 Prozent.
Fast die Hälfte der Einkäufe wird ebenfalls in der Region getätigt.
Andere Firmen kaufen nur jedes dritte Produkt oder jede dritte
Dienstleistung in der näheren Umgebung ein.

Auch größere Familienfirmen, die mit ihren Produkten auf den
Weltmärkten präsent sind, stärken sich in lokalen Netzwerken. Dort
tauschen sie mit wichtigen Zulieferern und Kunden und häufig auch
mit Forschern aus der Region Wissen aus. Solches Wissen über neue
Produkte, Prozesse oder Kundenwünsche ist äußerst zäh, Ökonomen
sprechen auch von »sticky knowledge«[8]. Zwar lassen sich Zahlen
und Daten per Computer um die ganze Welt schicken. Der spezielle
Kontext aber, der solche Informationen für innovative Unternehmen zu nützlichem Wissen macht, überbrückt die Distanz oft nicht.
Dieses Wissen lebt vom informellen Austausch von Angesicht zu
Angesicht – ob beim Latte Macchiato im Szenecafe nebenan oder
beim gemeinsamen Bier auf dem Schützenfest.

Loyale Mitarbeiter

Ebenfalls an Orte gebunden sind Arbeitskräfte – allen Reden von
den neuen Nomaden zum Trotz. Menschen schlagen Wurzeln. Für
sie sind Orte eben nicht austauschbar. Viele von ihnen wechseln lieber die Firma als die Stadt oder gar das Land. Familienunternehmen,
besonders solche mit langer Tradition, können das für sich nutzen.
Sie bieten verlässliche Arbeitsplätze, nicht selten sogar über Generationen hinweg. Und sie bekommen dafür loyale Mitarbeiter.

So wie Herrn Dieks von der Firma Hülsta. Er ist ein Chauffeur alter Schule. Nicht überkandidelt in weißen Handschuhen, aber höf-
lich, umsichtig und stolz. Mit festem Handschlag begrüßt er seine
Gäste, öffnet galant die Tür zu seinem Mercedes der E-Klasse. Das ist

natürlich nicht sein Mercedes. Er gehört »der Familie«, wie Ludger Dieks sagt. Und auf die Familie Hüls, der der Möbelbauer Hülsta aus dem Münsterland gehört, lässt er nichts kommen. »Feine Menschen« seien das. Herr Dieks muss es wissen. Schon seit Jahrzehnten fährt er die Familie, sitzt oft mit bei ihnen am Tisch. Mit 18 Jahren trat er in den Dienst des alten Hüls. Für ihn und seine Mutter war das der Rettungsanker, damals. Denn der Vater, der in der Möbelfabrik arbeitete, war tödlich verunglückt. Der alte Hüls kam persönlich zum Trauerbesuch, versprach der Witwe, ihrem Sohn Lohn und Brot zu geben – ein Leben lang. Der alte Hüls ist inzwischen tot. Herr Dieks fährt nun dessen Söhne und Gäste der Familie.

Für Familienunternehmen hat die Ortsgebundenheit neben Wissensnetzwerken und loyalen Mitarbeitern noch weitere Vorteile: Sie haben besonderes Vertrauenskapital bei der Politik. Starke Familienunternehmer spielen meist auch eine große Rolle für die Wirtschaft ihrer Heimatregion. Sie sind große Arbeitgeber und gewichtige Steuerzahler. Zudem ist die Unternehmerfamilie – oft schon seit Generationen – in politischen und sozialen Netzwerken aktiv. Dort können sie ihre wirtschaftliche Kraft in Einfluss ummünzen.[9] Wenn es in der Lokalpolitik um Bildungsprogramme, Forschungsförderung oder neue Infrastruktur geht, hat ihr Wort Gewicht.

Mit ihrem Vertrauenskapital können heimatverbundene Betriebe neben der Politik auch bei vielen Geschäftspartnern punkten. Für sie ist der Standort mehr als nur eine Adresse. Der Firmensitz steht für Verlässlichkeit in einer Zeit von anonymen Callcentern und Computerstimmen am Telefon. Hier findet man Ansprechpartner, die sich zuständig fühlen und Verantwortung übernehmen. Menschen aus der Region gehen hier zur Arbeit. Es gibt persönliche Bindungen.

Gefühlte Verbundenheit

Solche persönlichen Bindungen haben – neben allen ökonomischen Faktoren – auch bei der Standortentscheidung der Unternehmer großes Gewicht. Der Untersuchung des Instituts der deutschen Wirtschaft zufolge hat die Heimattreue von Familienunternehmern nicht zuletzt emotionale Gründe. Die Vorfahren haben die Firma an einem Ort gegründet. Die Nachfahren sind oft selbst dort aufgewachsen und fühlen sich dem Ort verbunden. Nicht umsonst gehen auch viele Spenden von Firmeneigentümern an Schulen oder soziale Projekte in der Region, haben die IW-Mittelstandsexperten herausgefunden.[10] Börsennotierte Großkonzerne dagegen sehen die Wohltätigkeit eher als Teil ihrer globalen Imagekampagne und suchen weltweit nach Prestigeprojekten.

Auch im harten Geschäft erweisen sich die Familienfirmen als stärker an den Standort gebunden. Das gilt selbst für große Familienunternehmen mit einem Umsatz von über 50 Millionen Euro im Jahr, die durchaus die Wahl hätten, verstärkt im Ausland zu produzieren. Bei ihnen macht die Auslandsproduktion rund 8,8 Prozent des gesamten Umsatzes aus. Bei den entsprechenden Nichtfamilienunternehmen liegt dieser Anteil bei 12,9 Prozent.

Diese Treue zu Deutschland ist umso erstaunlicher, weil die Standortbedingungen für Familienunternehmen hierzulande schlechter sind als in anderen Industrieländern. Zu diesem Ergebnis kommt jedenfalls die Stiftung Familienunternehmen in ihrem gemeinsam mit dem Zentrum für Europäische Wirtschaftsforschung (ZEW) erstellten Länderindex.[11] Von 14 Staaten belegt Deutschland dort lediglich den elften Platz. Schlechter sind die Bedingungen für Familienbetriebe nur in Spanien, Belgien und Frankreich, deutlich besser dagegen in Großbritannien, den USA, in Irland und der Schweiz sowie in Tschechien, Dänemark und Schweden.

Besonders schlecht schneidet Deutschland im Bereich Regulierung ab. Ein rigider Kündigungsschutz, weitgehende betriebliche Mitbestimmung sowie Flächentarifverträge und hohe administrative Hürden etwa bei der Unternehmensgründung katapultieren die Deutschen hier auf den letzten Platz. Wenig besser sieht es im Bereich Arbeitskosten und Produktivität aus. Die Forscher bestätigen, was seit Jahren in aller Munde ist: Deutschlands Arbeitskräfte sind zwar produktiv, aber vergleichsweise teuer, und es fehlt der qualifizierte Nachwuchs. Bei der Steuerbelastung für Familienunternehmen platziert sich Deutschland immerhin im Mittelfeld. Überraschend schlecht stehen dagegen Frankreich, Belgien und die USA da, die Erbschaften auch im Fall von Unternehmensübergaben besonders hoch besteuern. Im vierten und letzten Teilbereich Finanzierung schließlich belegt Deutschland einen starken dritten Platz. Auch Familienfirmen sind hierzulande relativ gut mit Krediten von Banken versorgt. Alternative Finanzierungsmöglichkeiten wie etwa Private Equity (Kapitalbeteiligung an einem Unternehmen, das nicht an der Börse ist) oder Mezzaninekapital (eine Art Zwitter zwischen Fremd- und Eigenkapital) sind in dem Index allerdings nicht berücksichtigt.

Doch allen handfesten Unwägbarkeiten zum Trotz: Für die große Mehrzahl der Familienunternehmen überwiegen die Vorteile der Ortsgebundenheit. Sie bleiben an ihren Stammsitzen fest verwurzelt. Manche von ihnen schweifen in die Ferne. Sie gehen den Konsumenten der Zukunft entgegen, ob in China und Indien, in Lateinamerika oder Osteuropa. Aber sie kappen deshalb nicht ihre eigenen Wurzeln. Im Gegenteil: So manch international erfolgreicher Familienbetrieb stärkt bewusst seinen ursprünglichen Standort in der deutschen Provinz.

Bestes Beispiel für diese Strategie – im Ausland wachsen und die Heimat stärken – ist die Firma Trumpf aus dem schwäbischen Ort Ditzingen. Der 1923 gegründete Familienbetrieb ist heute Weltmarktführer für Laser in der Fertigungstechnik und Europas größter Werkzeugmaschinenbauer. Und er hat feste Wurzeln in der deutschen Provinz. Aus der Luft betrachtet macht der Stammsitz von Trumpf rund ein Fünftel von Ditzingen aus. Auf einer Fläche so groß wie 28 Fußballfelder erstrecken sich Produktionshallen, Bürogebäude und ein erst im Jahr 2007 eröffnetes Schulungszentrum für Kunden und Mitarbeiter aus aller Welt. Die Familie hat ihr Versprechen den Angestellten gegenüber gehalten: Ihr arbeitet mehr, wir bleiben dem Standort treu, hieß die Abmachung. Seit 2005 gilt für die über 4000 Beschäftigten in Deutschland – das sind zwei Drittel der Belegschaft weltweit – die 39,3-Stunden-Woche. Seitdem wurde kräftig investiert. Rund 45 Millionen Euro flossen in das neue Schulungszentrum und eine neue Kantine. Für weitere 50 Millionen Euro entsteht ein neues Entwicklungszentrum.

»Wir würden niemals eine Produktion im Ausland aufbauen, um Lohnkosten zu sparen«, sagt Nicola Leibinger-Kammüller, die im Jahr 2005 bei Trumpf die Führung von ihrem Vater übernommen hat. »Wir stellen doch keine Handys her.«[12] Selbstverständlich sei ihr Unternehmen in Ländern wie China oder in Osteuropa präsent. Allein im Jahr 2008 eröffnete Trumpf die erste Produktionsstätte in Japan, nahm eine zusätzliche Laserfabrik in den USA in Betrieb und legte den Grundstein für ein neues Produktionsgebäude in China. Ziel sei es immer nur, »den dortigen Markt zu bearbeiten«. Ansonsten aber bleibe man dem Standort Deutschland treu. Denn: »Erstens haben wir sehr gute Mitarbeiter hier. Und zweitens fühlen wir uns unserem Land verpflichtet.«[13]

Familienunternehmer weisen den Weg aus der Krise

Nur wenige deutsche Wörter haben es zum Exportartikel gebracht. Der »Kindergarten«, die »Bratwurst« und der »Dummkopf« schafften es über den Atlantik. Genau wie das »Waldsterben« und die »Angst«. Die »German Angst« ist bei den Angelsachsen sprichwörtlich für ein merkwürdiges Gefühl des Bedrohtseins, für den mutlosen, sorgenvollen Blick in die Zukunft. »Deutsche Krankheit« haben heimische Beobachter das Phänomen getauft.[1] Beim zyklischen Auf und Ab der Wirtschaft ist es gut zu beobachten. In jedem Aufschwung haben zunächst die Skeptiker das Wort. Viel länger als etwa in den USA dauert es, bis die gute Laune Raum greift. Ganz vorn mit dabei sind die Deutschen dann aber im Abschwung. Krisenstimmung verbreitet sich wie ein Lauffeuer.

Kein Wunder, dass die Stimmungsindikatoren und Konjunkturprognosen auch in der Wirtschaftskrise 2008/09 schnell steil nach unten zeigten. Anstatt in das allgemeine Wehklagen einzustimmen, lohnt sich allerdings ein Blick auf die Hoffnungsträger. Die finden sich im ganzen Land. Sie sind tausendfach über Deutschland verteilt. Es sind starke Familienunternehmen mit soliden Finanzen. Sie sind heimatverbunden und doch auf den Weltmärkten zu Hause. Sie pflegen Traditionen und sind trotzdem hoch innovativ. Sie fühlen sich ihren Mitarbeitern verpflichtet und sind doch effizient.

Diese Unternehmen haben, mehr als die angeschlagenen Großkonzerne, das Potenzial, das Land aus der Krise zu führen. Mit den größten Vorurteilen gegen die Familienfirmen haben die vorangegangenen Kapitel bereits aufgeräumt.

Als Vorbild geeignet

Wer Deutschlands Familienunternehmen im richtigen Licht betrachtet, erkennt, dass sie weit mehr sind als die gemeinhin anerkannte »solide Basis« der deutschen Wirtschaft. Sie taugen als Vorbild für kleine Firmen und große Konzerne im In- und Ausland. Sie stellen nicht nur den Löwenanteil der viel gepriesenen deutschen Weltmarktführer. Trotz harter Konkurrenz aus den Schwellenländern konnten sie ihr Exportgeschäft in den vergangenen Jahren stärker ausbauen als viele Konzerne. Auch bei Gewinnen und Innovationskraft stellen sie so manches Großunternehmen in den Schatten. Kein Wunder, dass ausländische Politiker, Unternehmer und Investoren mit wachsendem Interesse auf das deutsche Traditionsmodell Familienunternehmer schauen.

Die besondere Leistungskraft von Familienunternehmen spiegelt sich in einer Reihe von Kennzahlen. Unter den viel gerühmten mehr als 1500 deutschen Weltmarktführern zählen rund 1400 Unternehmen zum »gehobenen Mittelstand« mit einem Jahresumsatz bis zu einer Milliarde Euro. Sie erwirtschaften zusammen rund 40 Prozent der deutschen Exportleistung. Und der Löwenanteil von ihnen – rund 1300 Firmen – sind Familienunternehmen.[2]

Nicht nur im Ausland, sondern auch in ihrer eigenen Heimat sind diese Firmen stark. Einer Studie des Instituts für Mittelstandsforschung zufolge waren sie hierzulande in den letzten Jahren die wichtigsten Jobmotoren.[3] Die 30 DAX-Konzerne reduzierten ihre Belegschaft im Inland in den Jahren 2003 bis 2005 um 3,5 Prozent. Die 500 größten Familienunternehmen dagegen schufen Arbeitsplätze. Sie erhöhten die Zahl ihrer Beschäftigten in Deutschland im gleichen Zeitraum um fast 10 Prozent.

Beim Umsatz konnten Familienunternehmen die DAX-Konzerne zuletzt ebenso kräftig übertrumpfen. So stieg der Umsatz der 30 größten, nicht an der Börse notierten deutschen Familienunternehmen im Geschäftsjahr 2006 um durchschnittlich 9,7 Prozent. Das war fast doppelt so viel wie bei den 30 DAX-Konzernen. [4]

Auch auf lange Sicht scheinen Familienunternehmen überlegen zu sein. Dafür gibt es zumindest einige Indizien. Wissenschaftler verglichen die Ergebnisse im operativen Geschäft von deutschen Familienfirmen und anonymen Publikumsgesellschaften im Zeitraum von 1913 bis 2003 – und stellten ein »signifikant besseres« Abschneiden der Familienbetriebe fest.[5]

Langfristig überlegen

Einen Zeitraum von immerhin 15 Jahren betrachteten die Analysten der HypoVereinsbank.[6] Und auch sie stellen eine Überlegenheit der Familienbetriebe fest. Allerdings hatten sie börsennotierte Firmen im Blick und fassen die Definition von Familienunternehmen weiter als üblich: Mindestens 25 Prozent der Aktien müssen im Eigentum der Gründerfamilie stehen, und die Gründer müssen im Vorstand oder Aufsichtsrat maßgeblichen Einfluss auf die Unternehmensführung haben. In den Jahren 1990 bis 2004 schnitten die 50 größten dieser »familiengeführten Unternehmen« deutlich besser ab als die DAX-Konzerne. Ihre Aktien stiegen um durchschnittlich 16,3 Prozent pro Jahr. Der Leitindex legte im Jahresmittel lediglich um 9,5 Prozent zu.

Von den allgemeinen Kurseinbrüchen seit dem Sommer 2008 konnten sich allerdings auch die börsennotierten Firmen mit substanziellem Familieneinfluss nicht abkoppeln. So brach der German Entrepreneurial Index GEX vom 1. Mai 2008 bis zum 30. April 2009 um 37 Prozent ein. Er verlor damit sogar mehr als der Leitindex DAX, der im gleichen Zeitraum um 31 Prozent einbüßte. Zum GEX gehören mehr als 120 Titel. Hinzugerechnet werden all jene Unternehmen aus dem Prime Standard (der Marktbereich mit den höchsten Transparenzregeln), bei denen Vorstände, Aufsichtsratsmitglieder und deren Familien mindestens 25 Prozent der Stimmrechte besitzen und die seit maximal zehn Jahren an der Börse notiert sind.

Der Credit Suisse Family Index, zu dem 40 Titel aus Europa und den USA zählen, die zu mindestens 10 Prozent in Familienhand sind, verlor im gleichen Zeitraum 35,5 Prozent. Nur ein schwacher Trost, dass der Einbruch beim MSCI World Index, einer der wichtigsten Aktienindizes der Welt, der von Morgan Stanley berechnet wird und Papiere aus 24 Ländern beinhaltet, mit einem Minus von über 41 Prozent noch stärker ausfiel.

Auf längere Sicht jedenfalls bescheinigen auch die Analysten der Schweizer Bank Credit Suisse Unternehmen mit Familieneinfluss überdurchschnittlichen Erfolg. Sie untersuchten börsennotierte Firmen in Europa, in denen die Gründerfamilie mehr als 10 Prozent des Kapitals besitzt. In den Jahren 1996 bis 2007 entwickelten sich die Aktien dieser Unternehmen im Jahresdurchschnitt um 8 Prozent besser als in ihren jeweiligen Sektoren. Ähnlich gute Ergebnisse erreichten Unternehmen mit Familieneinfluss in den USA. Interessant sind die Gründe, die die Banker für den Erfolg dieser Unternehmen ausmachen: Dort zahle sich erstens aus, dass das Management seine Strategie auf einen längeren Zeithorizont als nur bis zum nächsten Quartalsergebnis ausrichte. Zweitens gelinge die Abstimmung von Interessen des Managements und der Aktionäre besser. Und drittens konzentrierten sich die meisten Firmen auf ihr Kerngeschäft, sie seien häufig in Nischenmärkten stark.

Wie wichtig besonders die langfristige Strategie und die Konzentration auf die eigenen Stärken für den Erfolg von Familienunternehmen sind, wird der Blick auf einzelne Unternehmen in den kommenden Kapiteln zeigen. Die Beispiele, die dort im Fokus stehen, haben den Firmen, die in Aktienindizes wie dem GEX oder dem Family Index der Credit Suisse zusammengefasst sind, eines voraus: Sie sind nicht unmittelbar von der Krise an den Finanzmärkten betroffen. Die für dieses Buch ausgewählten Unternehmen haben unterschiedliche Antworten gefunden auf die Herausforderungen der Globalisierung. Sie stammen aus unterschiedlichen Branchen – vom Maschinenbau über den Einzelhandel bis zur Medizintechnik. Und sie haben unterschiedliche Tugenden. Sie stehen für Verlässlichkeit, sie wirtschaften umsichtig, im Konjunkturhoch wie in der Krise und viele von ihnen sind hoch innovativ.

Es sind sieben individuelle Typen und Teams. Und doch stehen sie beispielhaft für Hunderte, vielleicht sogar Tausende von Familienunternehmen im Land. Spannend wird es sein, nach Gemeinsamkeiten zu fahnden. Das Ziel ist, aus den Porträts Komponenten für den Erfolg von starken Familienunternehmen in Deutschland zu destillieren.

Teil II

Neue alte Köpfe – sieben Unternehmer und ihre Strategien für den Erfolg

Die Christen – Heinz-Horst und Heinrich Deichmann (Schuhe)

Die Szene ist unwirklich, kitschig fast. Gleich sollen die Sugababes spielen, Europas erfolgreichste Mädchenband seit den Spice Girls. Die drei jungen Frauen aus England füllen Stadien mit kreischenden Teenagern. Jetzt steht ein alter Herr im dunklen Anzug und mit dunkler Krawatte auf dem Podium, die weißen Haare etwas strubbelig nach hinten geföhnt. Er spricht von Gott, vom Tod seiner Frau und vom Trost in Jesus Christus. Das Publikum in der Grugahalle in Essen lauscht andächtig. Dass der Mann überhaupt dort steht, ist schon anrührend genug. Seine Frau ist erst vor sechs Wochen verstorben. Was er sagt, ist herzergreifend. »Das Haus, mein eigenes Haus, ist etwas leer geworden, wenn meine Kinder und Besucher nicht da sind. Die Leere ist dann mit Händen zu greifen. Aber komme ich zu Ihnen, dann fühle ich mich eben auch zu Hause und fühle mich aufgehoben.«

Zu Hause fühlt sich der Herr gerade unter 1500 Menschen. Es sind die Leiterinnen und Leiter von Schuhgeschäften in Deutschland und die Geschäftsführer aus der Deichmann-Gruppe. Und der Mann, der zu ihnen spricht, ist ihr Seniorchef: Heinz-Horst Deichmann, der größte Schuhhändler Europas.

Die Worte von Heinz-Horst Deichmann an diesem Abend klingen wie aus einer anderen Zeit. »Ich muss Ihnen sagen, dass ich mich wirklich für Sie verantwortlich fühle, und ich bin unverändert für Sie da, wo immer Sie mich auch brauchen«. Und: »Bei Ihnen fühle ich mich zu Hause, von Kindheit an bin ich im Laden groß geworden mit Verkäuferinnen, mit Verkaufsstellenleitern, mit Einkäufern, mit Fabrikanten. Das ist meine Welt und das ist mir geblieben.« Und immer wieder: »Die frohe Botschaft von Jesus Christus«. Andere würden milde belächelt. Heinz-Horst Deichmann bekommt stehenden Applaus. Dem Mann nimmt man ab, dass er meint, was er sagt. Wenn er von Jesus spricht, von Vertrauen und von Verantwortung – und das tut er oft –, dann wirkt das nicht aufgesetzt. Heinz-Horst Deichmann sucht keine Bewunderer, schaut nicht Beifall heischend auf seine Zuhörer. Er lächelt eher in sich hinein.

Brückenschlag zwischen zwei Welten

Betuliche Frömmigkeit auf der einen Seite, Milliardenumsätze auf der anderen – Deichmann gelingt der Brückenschlag zwischen zwei Welten. Sein Unternehmen zeigt: Wirtschaftlicher Erfolg und soziales Handeln schließen einander nicht aus. Sie können sich sogar prächtig ergänzen.

Heinz-Horst Deichmann, der Gründer, und sein Sohn und Nachfolger Heinrich vereinen gleich eine ganze Reihe der klassischen Tugenden von Familienunternehmern. Sie übernehmen erstens soziale Verantwortung – für ihre Mitarbeiter und für Bedürftige in aller Welt. Das verschafft ihnen, zweitens, Glaubwürdigkeit und Vertrauen bei Angestellten und Kunden. Sie haben, drittens, die Übergabe an die nächste Generation gemeistert, sich, viertens, die Unabhängigkeit von externen Geldgebern und den Finanzmärkten bewahrt und sind, fünftens, in ihrer Branche bei Innovationen führend.

Aus diesen Tugenden erwächst ihnen ein sagenhafter Erfolg. 127 Millionen Paar Schuhe verkauften die Deichmanns allein im Jahr 2008. Sie setzten damit über 3 Milliarden Euro um – so viel wie kein anderer Schuhhändler in ganz Europa. In 18 Ländern sind sie inzwischen mit insgesamt über 2 400 Filialen vertreten. Allein in Deutschland gehören ihnen 1 100 Geschäfte. Jeder fünfte hierzulande verkaufte Schuh kommt aus einer ihrer Filialen.

27 000 eigene Angestellte hat das Unternehmen. Hinzu kommen Mitarbeiter bei Zulieferern in über 40 Ländern. Allein in Asien hängen 180 000 Menschen samt deren Familien direkt von Deichmann ab. Alles in allem schafft der deutsche Schuhhändler die Existenzgrundlage für Menschen einer mittleren Großstadt. Seinen Einfluss nutzt er ganz im Sinne der christlichen Nächstenliebe. »Das Unternehmen muss den Menschen dienen«, heißt einer seiner Leitsätze. Und den nimmt er wörtlich.

Beim Umgang mit den eigenen Mitarbeitern finden selbst Gewerkschafter keinen Makel. »Solche wie Deichmann müsste es häufiger geben«, heißt es bei ver.di anerkennend. Deichmann zahlt Tarif plus eine Provision abhängig vom Umsatz der Teams in der jeweiligen Filiale. Es gibt Betriebsrenten ab dem zehnten Jahr und einen Fonds für Mitarbeiter in Not. Schon nach zwei Jahren im Unternehmen zahlt die Firma jedem Angestellten eine Gesundheitswoche in Gais im Schweizer Kanton Appenzell. Dort hat sich der Senior in den Sechzigerjahren selbst einmal prächtig vom Alltagsstress erholt. Und was ihm so recht war – das soll für seine Mitarbeiter nun billig sein, findet der Unternehmer.

Kein Wunder, dass ihm viele über Jahre und Jahrzehnte die Treue halten. Mehrere Tausend Beschäftigte sind bereits zehn Jahre und länger dabei. Ihnen gratuliert der Chef persönlich. Ab dem zehnten Jahr lädt er die Jubilare alle fünf Jahre in die Zentrale ein. Die Feste sind für Heinz-Horst Deichmann ein Pflichttermin.

Auf vergleichsweise gute Sozialstandards achtet Deichmann auch bei seinen Zulieferern in den Billiglohnländern. Ein Code of Conduct, von unabhängigen Kontrolleuren überwacht, verbietet Zwangs- und Kinderarbeit, soll für Sicherheit in den Fabriken sorgen und begrenzt die wöchentliche Arbeitszeit auf 48 Stunden. Doch es gab auch Verstöße. Im Sommer 2008 berichtete das ARD-Magazin *Report Mainz* vorab, dass Arbeiterinnen in einer Zulieferfabrik in Kambodscha Lösungsmitteldämpfen ohne Schutzmasken ausgesetzt seien. Außerdem würden sie täglich zu Überstunden gezwungen. Im Gespräch erinnert sich Heinz-Horst Deichmann genau an diesen Fall. »So etwas macht mich sehr betroffen«, sagt er. »Wir müssen uns doch an unseren eigenen Versprechen messen lassen, besonders als Christen.« Die deutsche Zentrale schickte sofort einen Experten in die kambodschanische Fabrik. Es wurde ein Treffen zwischen Gewerkschaften und Fabrikmanagement vor Ort arrangiert. Die Missstände waren schnell behoben – so schnell, dass *Report Mainz* den Bericht gar nicht mehr ausstrahlte.

Hilfe für die Ärmsten

Heinz-Horst Deichmann will Vorbild sein. Er will als Christ die Welt verbessern, weit über das eigene Geschäft hinaus. Im Jahr 1977 gründete er das Missionswerk wortundtat, für das er pro Jahr 5 bis 10 Millionen Euro spendet. Das Werk hilft den Ärmsten der Armen in Indien und Afrika. Es betreibt Entbindungskliniken, Krankenhäuser für Tuberkulose-, Aids- und Leprapatienten. Deichmann hat Kindertagesstätten in Slums gebaut, Schulen und Berufsschulen. Zehntausenden von Menschen ohne Hoffnung gab er eine Perspektive. Erst kürzlich kaufte er Kinder aus einem Kalksteinbruch in Südindien frei und zahlte den Eltern den Verdienstausfall, damit die Kinder zur Schule gehen können.

Jedes Jahr im November reist Heinz-Horst Deichmann durch Indien und besucht einzelne Hilfsprojekte. Auch mit über 80 Jahren scheut er die Strapazen der Reise nicht. Er klagt nicht über die Hitze, nicht über die beschwerlichen Fahrten auf staubigen Straßen, nicht über die einfachsten Unterkünfte. Er möchte den Menschen nah sein; wie nah, dass zeigt ein eindrückliches Foto: Heinz-Horst Deichmann hat seine hellen Hände an die dunklen Wangen eines Kranken gelegt und strahlt ihn an. Der Mann lächelt zurück, presst zum Gruß oder zum Dank seine Handflächen aneinander – Handflächen ohne Finger. Die Lepra hat ihn verstümmelt.

Heinz-Horst Deichmann, der Milliardär, sucht die Begegnung, nicht den Luxus. »Wenn Sie die Leute sehen, wie sie da leben, in den Schulen, in den Häusern, die wir gebaut haben, dann ist das viel befriedigender, als wenn ich mir ein Loireschloss nachgebaut hätte«, sagt er. Er hat ein Buch zusammengestellt, mit eigenen Texten und mit Artikeln über ihn. *Christ und Unternehmer* steht oben rechts auf dem Deckblatt. *Heinz-Horst Deichmann – Mir gehört nur, was ich verschenke*, heißt der Titel.[1] Pathetisch klingt das, kitschig, irgendwie nicht von dieser Welt. Man mag das belächeln – doch Kritik in der Sache wäre vermessen. Denn Deichmann nimmt den Titel wörtlich. Er spendet nicht nur Millionen für wortundtat. Er kümmert sich um Obdachlose und Waisenkinder in Essen, fördert Projekte gegen Jugendarbeitslosigkeit, finanziert den Bau eines Hauses der jüdischen Kultur in seiner Heimatstadt und ist ein großzügiger Unterstützter der Ben-Gurion-Universität im israelischen Beer Sheva.

Wertvolle Glaubwürdigkeit

Das alles macht ihn glaubwürdig wie kaum einen anderen deutschen Unternehmer und Wohltäter. Diese Glaubwürdigkeit strahlt – in das Unternehmen hinein und nach außen. Eine junge Mitarbeiterin in der großen Deichmann-Filiale gleich gegenüber dem berühmten KaDeWe in Westberlin findet:»Es ist toll, für eine Firma zu arbeiten, die auch den Armen hilft. Da macht die Arbeit gleich doppelt Spaß.« Auch in der Presse ist der»Schuhkönig« gut gelitten. Seit Jahren begleiten Journalisten die Expansion des Unternehmers und Wohltäters wohlwollend. Deichmann drängt sich ihnen nicht auf. Im Gegenteil: Eine Pressestelle hat das Unternehmen erst seit 2002. Die erste Pressekonferenz der Geschichte gab Heinz-Horst Deichmann im Jahr 2003, zum 90-jährigen Firmenjubiläum. Pressesprecher Ulrich Effing hatte den Unternehmer dazu überreden müssen. Der war denn auch sichtlich überrascht, als fast 50 Reporter und Kameraleute die Essener Zentrale stürmten.»Was wollen die denn alle hier?«, fragte er seinen Sprecher ungläubig. Auf die Frage eines Journalisten, warum er erst nach 90 Jahren zum ersten Mal die Presse einlade, erklärte der Senior freundlich lächelnd:»Wir haben uns nicht für so bedeutend gehalten.«

Heinz-Horst Deichmann macht nicht viel Aufhebens um seine Person. Er tut seine Arbeit und er hilft den Armen. Den Schnickschnack darum herum veranstaltet er nur, wenn er der Sache dient. Ruhm und Ehre sind für einen wie ihn kein Selbstzweck – Geschäft und Gewinne auch nicht. »Gott wird mich am Ende nicht fragen, wie viele Paar Schuhe ich verkauft habe«, sagt er. »Er wird wissen wollen, ob ich wie ein wahrer Christ gelebt habe.«

Bei vielen Kunden freilich sind Deichmanns Wohltaten noch nicht angekommen. »Deichmann, gibt es den wirklich?«, fragen drei junge Mädchen ungläubig. Sie suchen in der Berliner Filiale am Tauentzien noch ein paar schicke »High Heels« für die Silvesterparty. »Und hier gibt es coole Schuhe für wenig Geld.« Nein, von Heinz-Horst und Heinrich Deichmann haben sie noch nie gehört. Dafür aber von Keisha Buchanan, Amelle Berrabah und Heidi Range. Die drei Sängerinnen der Sugababes finden sie »total cool«, genau wie deren kurzen Werbespot für Deichmann. Zur besten Sendezeit auf den Privaten sind die drei Grazien beim Konzert zu sehen, in Deichmann-Stiefeletten selbstverständlich.

Die Idee dazu stammt von Deichmann junior. Er ist Mitte 40 und hat schon vor zehn Jahren die »operative Führung« des Konzerns übernommen. Eines musste er dem Vater versprechen: Deichmann bleibt ein Familienunternehmen. Ansonsten darf er frei schalten und walten. »Mein Vater hat geschafft, was viele nicht können«, sagt Heinrich Deichmann. »Er hat tatsächlich losgelassen. Irgendwann hat er mich einfach machen lassen.«

Expansion im Ausland

Die Firma wächst seitdem kräftig. Vor allem die Expansion ins Ausland geht auf das Konto des Juniors. Bevor der im Jahr 1992 ins Management von Deichmann eintrat, war der Vater neben Deutschland noch in drei weiteren Ländern präsent. 1973 hatte der die Schweizer Kette Dosenbach übernommen. 1984, im sicheren Abstand von elf Jahren, folgte der Zukauf von Lerner Shoes in den USA, die heute unter Rack Room Shoes firmieren. 1985 übernahm Deichmann das niederländische Familienunternehmen vanHaren Schoenen, das Probleme mit der Nachfolge hatte. Doch dies war erst der Anfang. Sohn Heinrich eroberte ein Land nach dem anderen. 1997 eröffnete er die erste Deichmann-Filiale in Polen. 2001 folgten Ungarn, Belgien und Großbritannien. 2003 kamen Tschechien und Dänemark dazu. Es folgten die Slowakei, Schweden und die Türkei. Heute ist das Unternehmen in 18 Ländern aktiv und plant trotz Wirtschaftskrise die schnellste Expansion seit Gründung des Unternehmens: Mehr als 280 neue Filialen will Heinrich Deichmann eröffnen und allein in Deutschland 400 neue Mitarbeiter einstellen.[2] Über 40 Prozent der Schuhe werden inzwischen außerhalb Deutschlands verkauft. »Internationalisierung« heißt der erste Baustein der Strategie des Juniors.

Und der schafft die Basis für Baustein Nummer zwei: »Eine deutlich stärkere Vertikalisierung«, wie Heinrich Deichmann es nennt. Die Deichmanns sind längst keine bloßen Schuhhändler mehr. Sie beschäftigen eigene Designer, lassen ganze Linien exklusiv für ihre Eigenmarken fertigen. Deichmann-Design wird für Deichmann produziert und in Deichmann-Geschäften verkauft. Das spart die Zwischenhändler, stärkt die Einkaufsmacht und erlaubt größere Margen.

Die eigenen Modelinien führen zu Baustein Nummer drei: dem Image-Wandel. Vor 20 Jahren habe man mit Deichmann günstige Preise, aber schlechte Qualität verbunden, erklärt er. Heute sei man auf dem Weg zum »Lifestyle-Unternehmen«. Dazu passen ein moderneres, helles Ladendesign und die Werbung mit Prominenten und Semi-Prominenten in Zeitschriften und Fernsehen. Die deutsche Sängerin Yvonne Catterfeld hat schon für Deichmann Modell gestanden, genau wie der Fernsehmoderator Oliver Geissen, die leicht bekleideten US-Tänzerinnen Pussycat Dolls und nun eben die englischen Sugababes. Der Junior will die eigene Marke stärken, sieht die Zukunft auf gleicher Wellenlänge mit Modeketten wie H&M und Zara.

Schnörkelloser Analytiker

Das alles erklärt Heinrich Deichmann klar und schnörkellos. Der Mann im eleganten dunklen Anzug bringt die Dinge auf den Punkt. Der Vater liebt Anekdoten, kommt vom Hölzchen aufs Stöckchen. Der Sohn gliedert, strukturiert, analysiert. Wenn er erzählt, wie er im Jahr 1999 dem Vater vorschlug, nun selbst Chef zu werden, klingt das wie eine logische Konsequenz. Heinrich Deichmann, das wird schnell klar, ist kein Statthalter von Papas Gnaden. Er hat ein selbstverständliches Selbstbewusstsein, ohne überheblich zu wirken. Der Diplombetriebswirt hätte es auch in einem anderen Unternehmen in die Chefetage geschafft – in einer Strategieberatung vielleicht oder in einer Bank.

Der Vater entscheidet die Dinge aus dem Bauch heraus. »Er lebt von Spontaneität und kann ausbrechen wie ein Vulkan«, sagt der Sohn. Einmal hat er sich so aufgeregt, da hat er mit Leisten nach einem Schuhvertreter geworfen. »Aber da war ich noch jung«, sagt der Senior entschuldigend. Dem Sohn wäre das nicht passiert. Er ist der Analytiker in der Familie, geht die Dinge systematisch an. Der Übergang vom impulsiven Gründer zum analytischen Manager passt zum Wachstum des Unternehmens. Ein weit verzweigter Konzern mit Zigtausenden von Mitarbeitern in aller Welt braucht einen Profi an der Spitze, einen, der kühlen Kopf bewahrt.

Das ist auch die Rollenteilung zwischen Vater und Sohn: Sohn Heinrich sorgt dafür, dass der Laden läuft. Unter ihm ist der flächenbereinigte Umsatz – eine wichtige Richtgröße bei Einzelhändlern – in den Jahren 2006 bis 2008 so stark gewachsen wie nie zuvor in der Geschichte des Unternehmens. Der Senior spricht die Herzen der Mitarbeiter an. Er tourt von Filiale zu Filiale, besucht Weihnachtsfeiern und Sozialprojekte, preist Gott und fördert das Zusammengehörigkeitsgefühl in der Firma.

Selbst wenn der Vater eines Tages nicht mehr ist, sollte kein Vakuum entstehen. Auch der Sohn hat klare Werte und Gottvertrauen. Er gehört, ebenso wie der Vater, der Freikirchlichen Gemeinde an. Er engagiert sich für Sozialprojekte und steht zu dem Grundsatz »ein Unternehmen muss den Menschen dienen«.

Im Weltkrieg verwundet

Wer das verstehen will, muss die Geschichte kennen – die vom Sohn, vom Vater und vom Urgroßvater. Urgroßvater Heinrich war ein einfacher Schuhmacher und ein frommer Mann. Mittags beim Essen las er seinen fünf Kindern aus der Bibel vor. Regelmäßig nahm er sie mit zu Armen, Alten und Kranken. In der Reichspogromnacht zum 10. November 1938, als die Nationalsozialisten Geschäfte und Wohnungen von Juden zerstörten, besuchte er jüdische Freunde, um ihnen beizustehen. Heinz-Horst erinnert sich gut, was der Vater damals sagte: »Dass, wer die Juden antastet, Gottes Augapfel antastet, und dass ein Volk, das die Juden verfolgt, Gottes Strafe heraufbeschwört.«[3]

Heinz-Horst Deichmann war der jüngste Sohn, der von vier älteren Schwestern umhegte Stammhalter. Kurz vor seinem 14. Geburtstag starb der Vater an einem Schlaganfall. Heinz-Horst ging weiter zur Schule, half nachmittags der Mutter und den Schwestern im Geschäft. Es tobte bereits der Weltkrieg. Mit 16 wurde Heinz-Horst zur Flack eingezogen. Als Richtkanonier in der blauen Uniform der Flieger-Hitlerjugend schoss er vor Essen-Borbeck auf feindliche Bomber. Freiwillig meldete er sich wenig später zu den Fallschirmjägern, »im Kopf die Idee von einer geradezu artistischen Spezialausbildung«[4]. Im März 1945 erhielt er den Marschbefehl an die Ostfront.

Vor Angermünde an der Oder wurde Heinz-Horst Deichmann schwer verwundet. In einem Artikel für ein Buch über *Die Jahre unter dem Hakenkreuz* erinnert er sich: »Ein Granatsplitter kam von hinten, riss die Schulter auf, und ein MP-Geschoss drang, wenige Millimeter an der Halsschlagader vorbei, in den Hals ein und blieb neben dem Kehlkopf stecken. (...) Und dann der Gedanke: Um dich herum sterben sie. (...) Du bist in Gottes Hand. Dir ist dein Leben noch einmal geschenkt worden, und wenn du hier rauskommst, dann muss dein Leben der Hilfe für Menschen gewidmet sein.«[5] Das, erzählt Deichmann heute, war das Berufungserlebnis, das sein Leben bis heute prägt. »Als ich dort lag, hatte ich zum ersten Mal den Gedanken, ich könnte Arzt werden, vielleicht Missionsarzt.«

Heinz-Horst Deichmann studierte Medizin – noch heute nennen sie ihn in seiner Firma überall »den Doktor«. Parallel zu Schule und Studium arbeitete er im Laden, hatte pfiffige Ideen fürs Geschäft. Gleich nach dem Krieg besorgte er sich alte Fallschirmleinen, fällte im Garten eines Freundes einige Pappeln und fertigte daraus Schuhe mit Holzsohlen. Die waren zwar weder bequem noch modisch aktuell, wurden aber dringend gebraucht. Rund 50 000 Paar verkaufte er davon im Lauf der Zeit.[6] Zudem baute er mit seiner jüngsten Schwester eine Tauschbörse für Schuhe auf, die ihren Besitzern nicht passten. Das Geschäft florierte.

Für eine kurze Zeit arbeitete Heinz-Horst Deichmann als Arzt an der Düsseldorfer Uniklinik, entschloss sich aber im Jahr 1955, komplett in den Schuhhandel einzusteigen. Er zahlte seine Schwestern aus, mietete zu den bisherigen drei Läden in Essen und Düsseldorf ein großes Geschäft in Oberhausen und hatte eine zündende Idee: Auf einer Reise nach London entdeckte er in der Oxford Street einen Laden, in dem die Schuhe nicht mehr einzeln, sondern paarweise in ihren Kartons in den Regalen standen. Der junge Deutsche war begeistert. Dieser Laden neuen Typs brauchte weniger Lagerfläche und weniger Personal – schließlich mussten die Verkäuferinnen weniger laufen. So ließen sich Schuhe billiger anbieten. Und das ist es schließlich, was Deichmann bis heute will: Schuhe anbieten für jedermann, modisch und günstig – eine Art Volkswagen für die Füße.

Auch die Kunden waren begeistert. Deichmann, der Schuhdiscounter, eröffnete in Deutschland eine Filiale nach der anderen. Heute gibt es hierzulande über 1 100 Läden. Weitere 1 300 Geschäfte hat das Unternehmen inzwischen im Ausland.

Kein billiger Jakob

Deichmann Junior möchte nun allerdings weg vom Billigimage. Er stattet die Läden schicker aus, wirbt mit prominenten Köpfen und kaufte im Jahr 2005 neben der österreichischen Herrenschuhmarke Gallus die Markenrechte am traditionsreichen deutschen Kinderschuhproduzenten »Elefanten«. Der rote Elefant am Schuh steht für Qualität und zieht, so wünschte es sich der Junior, neue Kunden aus der Mittelschicht in die Läden.

Über den Zukauf spricht Heinrich Deichmann mit augenzwinkernder Genugtuung. Als Kind seien Elefanten-Schuhe für ihn unerreichbar gewesen. Zwar hätten die inzwischen wohlhabenden Eltern sich problemlos Markenschuhe für ihre vier Kinder leisten können. Aber Heinrich und seine drei Schwestern trugen selbstverständlich Schuhe der Hausmarke »Bären«.

Überhaupt wurden die Kinder zur Bescheidenheit erzogen. Heinrich erinnert sich noch gut an seinen ersten Schultag. Gleich neben seinem Elternhaus betrieb die Familie ein privates Kinderheim, das seine Tante leitete. Gemeinsam mit einem Mädchen aus dem Heim machte er sich am Morgen auf den Weg: zehn Minuten zu Fuß zur Bushaltestelle, 20 Minuten Fahrt und fünf Minuten zu Fuß den Berg rauf bis zur Schule. »Für uns gab es da keine Extrawurst.«

Das Soziale allerdings förderten die Eltern. Freunde waren bei den Deichmanns immer willkommen. Sogar in das Ferienhaus im Schweizerischen Klosters durfte Heinrich auch schon mal zehn Freunde einladen. »Was wir hatten, durften wir teilen.«

Auch der Sohn hat bis heute ein Herz für das Soziale. Mit einem guten Herz allein aber macht niemand Milliardenumsätze. Vater und Sohn haben eine Nase fürs Geschäft – und entscheiden viele Dinge ganz pragmatisch. Sie produzieren dort, wo es billig ist. Und das ist schon längst nicht mehr in Deutschland. Sie verkaufen dort, wo sie ihre Kunden vermuten. Das kann in den Innenstädten sein oder in neuen Shoppingcentern auf der grünen Wiese. Ob ohne Deichmann so mancher kleine Fachhändler überlebt hätte? Heinrich Deichmanns Antwort ist unsentimental:»Wer wirklich gut ist und sich auf Nischen spezialisiert hat, der behält seine Kunden.« Heinz-Horst und Heinrich Deichmann wollen ihr Unternehmen weiter wachsen lassen, auch in der Krise. Die Voraussetzungen dafür sind gut. Man ist nicht abhängig von Aktienkursen und langfristigen Bankkrediten. Vielleicht findet in Zeiten des Abschwungs auch der eine oder andere neue Kunde in eine Deichmann-Filiale.»Denn günstige Schuhe brauchen die Menschen immer«, weiß der Senior. Er ist auch heute, mit über 80 Jahren, noch jeden Tag im Büro.»Wer Unternehmer sein will, muss seine ganze Kraft in die Firma stecken und darf nicht nachrechnen, wie viele Stunden er am Tag arbeitet«, sagt der Senior. Seinem Sohn schaut er manchmal mit einem Augenzwinkern über die Schulter. Zum Beispiel, als der die Sugababes als Werbeträger engagierte. Um Rat gefragt habe er zuvor natürlich nicht.»Die hätte ich ja sowieso nicht gekannt.« Und doch war der Vater nach dem ersten Auftritt ein wenig erleichtert.»Die Damen hatten zum Glück mehr an als ihre Vorgängerinnen aus Amerika«, sagt der Senior, lächelt und ergänzt:»Mein Sohn macht seine Sache wirklich sehr gut.«

Die Vermittlerin – Nicola Leibinger-Kammüller (Trumpf Werkzeugmaschinen)

Nicola Leibinger-Kammüller hat es bis ins Zentrum der Macht geschafft. Die elegante Unternehmertochter aus dem schwäbischen Ditzingen bei Stuttgart sitzt regelmäßig mit der Kanzlerin und ihren Ministern an einem Tisch, mit Wirtschaftsgrößen von Allianz-Chef Michael Diekmann bis Daimler-Lenker Dieter Zetsche. Sie ist Mitglied in Angela Merkels Rat für Innovationen und Wachstum, Bundespräsident Horst Köhler hat sie in den Wissenschaftsrat berufen. Seit Januar 2008 sitzt sie als erste Frau im Aufsichtsrat von Siemens und ist kurz darauf auch bei der Lufthansa in das oberste Aufsichtsgremium eingezogen. Wenn es so etwas gäbe wie eine Deutschland GmbH, Nicola Leibinger-Kammüller – strahlende Familienunternehmerin und Mutter von vier Kindern – wäre die Geschäftsführerin.

Seit 2005 führt die promovierte Germanistin die Firma Trumpf, den weltgrößten Hersteller von Werkzeugmaschinen. Ihr Vater Bertold Leibinger, schwäbischer Tüftler und Ikone des deutschen Mittelstands, hat den Betrieb groß gemacht. Mit 75 Jahren gab er den Chefposten ab – zur Überraschung aller nicht etwa an seinen Sohn oder seinen Schwiegersohn, sondern an seine Tochter. Er zog die Generalistin den beiden Ingenieuren in der Familie vor. Denn, so der Patriarch, auf die Führungsfähigkeit komme es an und auf die »Haltung«. Es gelte, die Kultur und die Strategie des Unternehmens zu gestalten, die eigenen Interessen zurückzunehmen und sich für andere zu engagieren. Und da gebe es keine »überzeugendere Figur« als Nicola.[1]

Die zarte Frau mit den großen, dunklen Augen gewinnt Menschen im Sturm. Ihr Lachen ist herzlich, ihr Blick einfühlsam. Nicola Leibinger-Kammüller spricht schnell und lebhaft, wirkt spontan, aber nicht beliebig. Sie sieht ihre Rolle auch als Vermittlerin. »Mit familieneigenen Geschäftsführern müssen Sie fast noch vorsichtiger umgehen als mit familienfremden. Da bin ich vielleicht besonders geschickt im Ausgleichen.« Das glaubt man ihr sofort. Nicht nur, weil sie vier Kinder hat und deshalb geübt ist bei der Suche nach dem rechten Kompromiss. Sondern auch wegen ihrer Persönlichkeit. Sie ist selbstbewusst, aber nicht eitel. Sie ist stark, ohne andere zu erdrücken.

Neuer Führungsstil

»Mein Vater hat anders geführt als ich. Ich glaube, dass sich meine Kollegen unter mir mehr entfalten können«, sagt die neue Chefin. Mitarbeiter aus verschiedenen Abteilungen bestätigen das. Der Vater erledigte die wichtigen Dinge am liebsten selbst. Von ihm stammen Sätze wie: »Wir haben all das hier aufgebaut. ... Jedes Bild an der Wand, jeder Stuhl in der Firma, die Architektur – all das haben wir eigenständig bestimmt.«[2] Die Tochter, die neben Firma und Großfamilie ihre diversen Aufsichtsrats- und Ehrenämter koordiniert, ist bestens organisiert und Meisterin im Delegieren.

Nicola Leibinger-Kammüller steht für eine neue Form der Führung bei Trumpf. Ihr Vater war Patriarch und Tüftler, die Technik war sein Hobby. »Wenn normale Menschen Kreuzworträtsel lösen, denke ich am liebsten über ein technisches Problem nach«, hat er einmal gesagt. Die Tochter ist die charmante Mutter der Kompanie. Zugleich aber ist sie Managerin. Diese Kombination ist zentral für das wachsende Weltunternehmen. Ein grundlegender Umbau der Firma muss gelingen. Weg vom Zuschnitt auf den einen Kopf – Berthold Leibinger. Hin zu einer Reihe von eigenverantwortlichen Managern unter dem Dach der Familie.

Als Berthold Leibinger mit 19 Jahren bei Trumpf in die Lehre ging, hatte das Unternehmen etwa 100 Mitarbeiter. Als er nach abgeschlossenem Ingenieurstudium und erster Berufserfahrung in den USA zunächst die Konstruktionsabteilung und nach und nach auch sämtliche Firmenanteile übernahm, setzte Trumpf mit 325 Mitarbeitern 11 Millionen DM um. Heute arbeiten rund 8 000 Menschen in der Firma. Es gibt Fertigungsstätten in zwölf Ländern, Vertriebs- und Servicegesellschaften in weiteren 15 Ländern. Der Umsatz stieg allein im Geschäftsjahr 2007/2008 um über 10 Prozent auf mehr als 2,1 Milliarden Euro.

Ein solches Unternehmen kann nicht mehr auf einen Menschen allein zugeschnitten sein. Das wusste auch der Patriarch. Er hat den Übergang von langer Hand geplant. Über die Jahre hat er die Verantwortung auf mehreren Schultern verteilt. Sein jüngster Sohn Peter (Jahrgang 1967) leitet den Geschäftsbereich Lasertechnik. Schwiegersohn Mathias Kammüller (Jahrgang 1958), Ehemann von Nicola, führt den zweiten großen Arm von Trumpf, den Bereich Werkzeugmaschinen. Die älteste Tochter (Jahrgang 1959) wählte er zur »Prima inter pares«. Sie ist Vorsitzende der Geschäftsführung, der neben den drei Familienmitgliedern auch noch drei externe Manager angehören. Sie ist Trumpfs neues Gesicht nach außen, verantwortet die strategische Unternehmensentwicklung und die Unternehmenskommunikation.

Bei der Entscheidung verließ sich der Senior nicht allein auf sein Bauchgefühl. Mit Beratern von außen stellte er Regeln für eine Nachfolge auf. Sie sind festgehalten in einem strengen Familienkodex, der auch für die nächsten Generationen gilt. Wer in das Unternehmen seiner Mütter und Väter einsteigen will, muss einen ganzen Katalog von Kriterien erfüllen. Dazu gehören eine akademische Ausbildung, möglichst ein Doktortitel, Erfahrungen in einem fremden Unternehmen und vielleicht am wichtigsten: eine gute Beurteilung durch den Unternehmensbeirat. In dem sitzen neben den Eltern Leibinger und ihrer zweiten Tochter Regine noch drei externe Berater. »Wir alle wurden beobachtet«, sagt Nicola Leibinger-Kammüller. Wichtig waren der Wille zu führen und der richtige Biss.

Disziplin und Pflichtgefühl

Den hat die neue Chefin. Nicola Leibinger-Kammüller ist eine diszi-
plinierte Arbeiterin. Morgens um halb sechs steht sie auf, deckt den
Frühstückstisch, liest den Kindern vor der Schule noch die Losung
des Tages vor,»damit sie gut behütet gehen«. Nach einem langen
Arbeitstag trifft sie sich manchmal mit ihrem Mann zu Hause – um
am gemeinsamen Schreibtisch weiter zu arbeiten. Dann klappt jeder seinen Laptop auf, sichtet Stapel von Akten.»So sehen wir uns
wenigstens«, sagt sie und schmunzelt. Und räumt doch ein:»Es ist
sehr anstrengend.«

Aber Nicola Leibinger-Kammüller ist zum Pflichtgefühl erzogen
worden. Sie kommt aus einer protestantisch-pietistischen Familie.
Schon früh halfen die Kinder zu Hause, sie servierten, wenn abends
Geschäftsbesuch kam.»Die Grundhaltung war immer: Die Firma
kommt zuerst. Dahinter wurden auch eigene Interessen zurückge-
steckt.«

Mit 25 Jahren heiratete Nicola ihre Jugendliebe, den fast zwei Meter großen Pfarrerssohn Mathias Kammüller. Sie war 16, er 18 Jahre
alt, als sie sich kennen lernten. Sie studierte Germanistik und Anglis-
tik, wählte auf den Rat des Vaters hin –»du brauchst etwas, was dich
fordert« – noch Japanologie dazu. Er studierte Maschinenbau, stieg
als Ingenieur bei Bosch ein, nur ein paar Hundert Meter entfernt
vom Firmensitz der Leibingers. Nach der Hochzeit wurde er nach Japan entsandt. Sie folgte ihm, baute die PR-Abteilung bei der japani-
schen Trumpf-Tochter auf und bekam ihr erstes Kind. Die Zeit in Japan sei auch beruflich wertvoll gewesen, erzählt sie. Sie habe gelernt,
Entscheidungen so zu treffen, dass niemand sein Gesicht verliert.

Nicola suchte sich, als die Kinder klein waren, zunächst eine Nische im väterlichen Betrieb. Sie wurde Geschäftsführerin der Berthold Leibinger Stiftung, die sich unter anderem der Förderung von
Kirchenmusik und der Renovierung von Gotteshäusern verschrie-
ben hat. Diesen Vorsitz hält sie bis heute. Erst 2003, 13 Jahre nach
ihrer Rückkehr aus Japan, stieg sie in die Geschäftsführung der

Trumpf-Gruppe auf. Zwei Jahre später übernahm sie dort zum Erstaunen aller den Vorsitz.

»Es ist eine Riesenfreude, auch bestimmen zu können«, sagt sie heute. Aus Pflichtgefühl gegenüber der Familie und aus Spaß an der Sache hat sie den Posten übernommen, nicht aus Geltungsdrang. Auf die Insignien der Macht legt sie offensichtlich wenig wert. Ihr Büro ist nicht besonders groß. Es liegt im hinteren Eck des Verwaltungsgebäudes, zwei Wände sind komplett aus Glas. Von ihrem Schreibtisch kann sie in die neue, gläserne Kantine schauen, die ihre Schwester Regine, eine international erfolgreiche Architektin, entworfen hat. In ihrem Rücken hängen zwei Tupfer aus warmem Rot. Es sind Bilder einer Freundin, mit Piniennadeln gefüllt. Nicht teuer, aber »nett, nicht?«. Gleich nebenan liegt das Büro des Vaters, der in den Aufsichtsrat gerückt ist. Es ist um ein Vielfaches größer als das der Tochter. Ob sie nicht dahin umziehen wolle, wurde sie einmal gefragt. »Das wäre doch albern«, war ihre Antwort.[3]

Auch auf ihre neuen Aufsichtsratsmandate bei Siemens und der Lufthansa bildet sich Nicola Leibinger-Kammüller nichts weiter ein. Natürlich hätten die sie auch gebeten, weil sie sich mit einer Frau in dem Gremium, zumal einer Mittelständlerin, schmücken wollten, sagt sie nüchtern. Einmal beisammen, könnten nun aber beide Seiten voneinander profitieren. »Ich lerne etwas über das Management von Großkonzernen. Und deren Manager holen sich den einen oder anderen Tipp aus dem Mittelstand.« Immer wieder werde sie zum Beispiel danach gefragt, wie es gelingen könne, mehr Nähe zu den Mitarbeitern aufzubauen und die Abstimmungswege kurz zu halten.

Freiheit für Innovationen

Das ist zunehmend auch für Trumpf eine Herausforderung. Mit wachsender Größe wird es immer schwieriger, den Korpsgeist eines Familienunternehmens zu erhalten und durchlässig zu bleiben für Ideen und Vorschläge der einzelnen Mitarbeiter. Gelingen könnte das mit dem neuen Managementstil, den nicht zuletzt die neue

Chefin verkörpert. Ein wichtiges Stichwort heißt Dezentralität. Anstatt sämtliche wichtige Entscheidungen über einen Schreibtisch wandern zu lassen, baut Nicola Leibinger-Kammüller starke Manager neben sich auf.

Friedrich Kilian ist solch eine Führungskraft und eine neue Schlüsselperson für das Unternehmen. Er ist seit über 25 Jahren bei Trumpf und zog im Jahr 2000 in die sechsköpfige Geschäftsleitung ein. Dort brachte der altgediente Trumpf-Mann neuen Wind in seinen Verantwortungsbereich, die Forschung und Entwicklung im wichtigen Werkzeugmaschinengeschäft. »Man muss seinen Mitarbeitern Freiheiten geben und damit auch Verantwortung«, heißt sein Credo. Er will, dass die rund 700 Forscher und Entwickler, die ihm unterstellt sind, in starken, eigenverantwortlichen Projekteinheiten arbeiten. An den verschiedenen Standorten können sie zum Beispiel Kooperationen mit Forschungseinrichtungen oder anderen Technologie-Unternehmen organisieren. Über die Zentrale in Ditzingen läuft die Koordination, um Doppelentwicklungen zu vermeiden und die Ergebnisse auch für andere Bereiche im Unternehmen zugänglich zu machen.

In der Denkweise sieht Kilian viele Parallelen zu seiner neuen Chefin. Die habe ihn in Sachen Dezentralität immer unterstützt. Für Trumpf war dieser Ansatz radikal neu. Kilians Vorgänger war 20 Jahre im Amt und führte die Entwicklungsabteilung streng hierarchisch. »Er hielt uns an der ganz kurzen Leine«, erinnern sich Mitarbeiter. Ideen und Anregungen kamen in der Regel von oben – oft von Firmeneigner Berthold Leibinger selbst – und wurden dann umgesetzt. Das konnte aus zweierlei Gründen über viele Jahre so gut funktionieren: Erstens waren die Innovationszyklen früher deutlich länger als heute. Und zweitens stand an der Spitze des Unternehmens ein Ausnahmetalent in Sachen Innovation.

Der Ingenieur Berthold Leibinger sprühte nur so vor Einfällen. »Wenn er unsere Abteilung besuchte, hatte er immer eine Idee im Gepäck«, erinnert sich ein altgedienter Entwickler. Mehr als 100 Patente sind auf den Unternehmer persönlich angemeldet. Er selbst trieb über Jahrzehnte die drei Schlüsselinnovationen voran, die den Erfolg des Unternehmens begründeten. Ende der Fünfzigerjahre schrieb er bei Trumpf seine Diplomarbeit. Er sollte ein Blechschneideverfahren verbessern, kam aber zum Ergebnis, dass es nichts taugte und erfand eine Maschine, die auf ein grundsätzlich anderes Prinzip setzte. Die »Kopiernibbelmaschine« macht es möglich, Ausschnitte und Konturen von Blechteilen millimetergenau zu kopieren. Ein Mensch fährt die Umrisse einer Schablone von Hand nach und lenkt eine Stanzmaschine, übertragen durch einen Storchenschnabel. Drei Patente ließ sich Leibinger für seine Maschine eintragen. Die wurde ein voller Erfolg und verkaufte sich rund 13 000 Mal auf der ganzen Welt.

Ende der Sechzigerjahre hatte Berthold Leibinger eine zweite revolutionäre Idee: Er entwickelte eine automatische Steuerung für seine Maschine. Dazu kombinierte er die recht simple Stanztechnik mit einer in den Sechzigerjahren absoluten technischen Neuerung: der numerischen Bahnsteuerung über Lochstreifen. Auf diesen Streifen sind sämtliche Informationen gespeichert, die zur Bearbeitung des Werkstücks benötigt werden – damals eine Weltneuheit.

Ende der Siebzigerjahre dann folgte die dritte Schlüsselinnovation des Berthold Leibinger. Erneut setzte er auf eine ungewöhnliche Kombination. Er vereinte die mechanische Stanztechnik mit einer thermischen Technologie: dem Laser. 1979 stellte Trumpf die erste kombinierte Stanz-Laser-Maschine vor.

In der Zwischenzeit hatte Leibinger bei dem Familienunternehmen Trumpf Karriere gemacht. Er rückte in die Geschäftsführung auf und bekam Anteile an der Firma. »Salopp ausgedrückt wurde es nach einiger Zeit für das Unternehmen billiger, mich zu beteiligen, anstatt weiterhin Lizenzen zu bezahlen«, erzählt er.

Ein Zentralist tritt ab

Der Aufstieg von Trumpf zum Weltunternehmen mit 8 000 Mitarbeitern ist untrennbar mit der Figur Berthold Leibinger verbunden.

So jemanden kann man nicht ersetzten. Das wissen alle im Unternehmen. Und das wusste seit langem auch Berthold Leibinger selbst.

Er baute deshalb über Jahre an neuen Strukturen, versuchte, die Verantwortung auf verschiedene Personen zu verteilen, förderte den Aufstieg seines Sohnes, seiner Tochter und seines Schwiegersohnes. Er war es auch, der Friedrich Kilian zum neuen Entwicklungsleiter machte.

So legte Berthold Leibinger, der Zentralist mit patriarchischem Führungsstil, selbst die Grundlagen für eine dezentralere Struktur. Ein Herr Leibinger konnte mit seinen Ideen in den Sechziger-, Siebziger- und Achtzigerjahren noch das ganze Unternehmen voran bringen. Heute gibt es so viele unterschiedliche Maschinenbaureihen, verlangen die Kunden in einem solchen Tempo nach Neuerungen, dass Trumpf viele Innovatoren braucht. »Prozessorganisation« heißt das Zauberwort, und die neuen Geschäftsführer bemühen sich nach Kräften, den »Innovationsprozess zu systematisieren und zu dynamisieren«. Das klingt sperrig und ist tatsächlich sehr komplex. Schließlich geht es darum, die Ideen von rund 1000 Forschern und Entwicklern sowie den restlichen 7000 Mitarbeitern bei Trumpf voranzutreiben.

Im Jahr 2006 lud die neue Geschäftsführung eine Reihe von Führungskräften aus aller Welt zum Innovationsgipfel. Ziel war es, den Grundstein für eine andere »Innovationskultur« zu legen. Neuerungen sollten künftig von allen getragen werden. Wenig später entstand der Plan, rund 15 Ideenmanager einzustellen. Sie sollten jeweils einem Team von Entwicklern helfen, ihre Einfälle auszuarbeiten und zu formulieren. Wegen Auftragseinbrüchen in der Finanzkrise wurde der Plan jedoch auf Eis gelegt. »Aber aufgeschoben ist nicht aufgehoben«, versichert Entwicklungsleiter Kilian.

Kuschelig auch in der Krise

Derweil bemüht sich die Chefin um Kuscheligkeit auch in der Krise. Ja, die Lage sei schwer, schwerer, als alle vermutet hätten. Aber deshalb stecke man nicht gleich den Kopf in den Sand. Trumpf werde natürlich weiter junge Leute ausbilden und auch einstellen. »So geht es ja nicht«, befindet Leibinger-Kammüller. »Dass wir sie nicht übernehmen, wenn sie fertig ausgebildet sind, nur weil wir gerade mal in der Krise sind.«

Die neue Chefin mag anders führen als ihr Vater, sein Verantwortungsgefühl hat sie übernommen. »Unser Vater hat uns zum Beispiel beigebracht, den einzelnen Mitarbeiter zu achten, ihn nicht als Manövriermasse anzusehen«, sagt sie. »Wir haben erlebt, wie er jemanden behandelt, dem es schlecht geht oder der einen Fehler gemacht hat. Oder wie man in schweren Zeiten mit Mitarbeitern umgeht. Entlässt man leicht oder überlegt man sich das 100 Mal?«

Nicola Leibinger-Kammüller, so viel ist sicher, würde 100 Mal überlegen. Sie fühlt sich verantwortlich für das Wohlergehen ihrer Leute. »Meine Tür ist für Mitarbeiter immer offen«, sagt sie. Auch Angestellte mit persönlichen Sorgen bekommen einen Termin. Wenn nichts mehr geht, hilft die Firma. Das ist ihr Verständnis von Verantwortung. So kommt es vor, dass jemand aus der Finanzabteilung mit der Bank über den Kredit eines überschuldeten Mitarbeiters spricht. Oder dass die Firma dem Mitarbeiter und seiner Familie hilft, den passenden Arzt für ein bestimmtes Problem zu finden. Die Menschen sollen sich aufgehoben fühlen im Unternehmen, in guten wie in schlechten Zeiten.

Die Mitarbeiter danken das durch Treue und Engagement. Ein Besuch bei Trumpf in Ditzingen hat etwas heimeliges, fast familiäres. Ein herzlicher Pförtner findet es »ganz selbstverständlich«, Gäste bei Regen mit einem großen Schirm zum Eingang zu geleiten. Mitarbeiter in Sekretariaten und Kantine grüßen freundlich. Viele von ihnen sind schon seit Jahrzehnten im Dienst der Firma. Bei den rund 4600 Beschäftigten in Deutschland lag die Fluktuationsrate in den vergangenen Jahren bei unter 2 Prozent. In der jüngsten Vergangenheit konnten die Mitarbeiter auch besonders stark vom Erfolg ihres Unternehmens profitieren. So bekam ein durchschnittlicher Tarifmitarbeiter an den Hauptstandorten Ditzingen oder

Hettingen allein im Geschäftsjahr 2007/2008 zusätzlich zu seinem Lohn eine Gewinnbeteiligung von etwa 2 850 Euro.

Glücklicher Beginn

Denn der Start der neuen Führungsriege gelang fabelhaft. In den ersten drei Jahren mit Nicola Leibinger-Kammüller an der Spitze wuchs der Umsatz von Trumpf um mehr als 50 Prozent. Das gelang fast ausschließlich aus eigener Kraft – lediglich zwei kleinere Firmen in Polen und Großbritannien wurden übernommen. Der Gewinn vor Steuern legte im gleichen Zeitraum um sagenhafte 120 Prozent auf über 300 Millionen Euro zu. Es waren goldene Jahre für die deutsche Exportwirtschaft und für den deutschen Maschinenbau, die durch die Weltfinanzkrise ein jähes Ende fanden.

Immerhin haben die Leibingers vorgesorgt. Die Gesellschafter zahlen sich seit jeher lediglich ein gutes Gehalt aus. Der Rest wird ins Unternehmen und sein Wachstum investiert. Die Eigenkapitalquote liegt bei soliden 50 Prozent. Sämtliche Gesellschaftsanteile gehören der Familie Leibinger und ihrer Stiftung. So können sie auch Durststrecken überstehen, ohne sich vor fremden Investoren rechtfertigen zu müssen.

Das war nicht immer so. In der Krise Anfang der Neunzigerjahre kam die Familie in Bedrängnis und musste 11 Prozent der Firmenanteile an eine Beteiligungsgesellschaft verkaufen. »Das war ein Graus«, erinnert sich Nicola Leibinger-Kammüller. Zehn Jahre später kauften die Leibingers die Anteile zurück. »Jetzt gehe ich durch den Betrieb und weiß, das alles gehört ganz und gar der Familie. Das ist ein ganz anderes Gefühl.«

Die Unternehmenschefin setzt auf solides Wachstum, will keine waghalsigen Sprünge machen. So etwas wie Elisabeth Schaeffler mit Conti wäre ihr nicht passiert. »Ha nei«, sagt sie in bestem Schwäbisch. Großübernahmen seien nichts für Trumpf. Man brauche doch immer auch die richtigen Führungskräfte, die man dort hinschicken könne, ohne im Stammhaus riesige Löcher zu reißen. Eine

Unternehmenskultur, ein Führungsstil ließen sich nicht so mir nichts dir nichts übertragen. Daran seien schon ganz andere gescheitert, etwa der Autoriese DaimlerChrysler.

Die Zeiten des rasanten Wachstums, so viel ist sicher, sind für Trumpf erst einmal vorbei. Jetzt muss Nicola Leibinger-Kammüller beweisen, dass sie »keine Schönwetterprinzessin ist«, wie eine Zeitung schrieb. Die zierliche Frau ist entschlossen, den Beweis zu erbringen – aus Pflichtgefühl, aber auch aus innerem Antrieb. Eine wie sie lässt nicht nach, wenn es schwierig wird.

Zum ersten Mal seit über einem Jahr hatte sie eine kurze Auszeit geplant. Sie wollte gemeinsam mit ihrem Mann für vier Tage an die italienische Amalfiküste fahren. Die Reise ist abgesagt. »Jetzt is mer hier«, sagt sie. Das klingt entschieden, nicht larmoyant. Jetzt sind Disziplin und Durchhaltevermögen gefragt. Zeit für Leichtigkeit ist später, Ende des Jahres 2010 vielleicht. Dann, so hofft die Unternehmerin, ist die Krise überstanden. Bis dahin will sie kämpfen, »um jeden Mitarbeiter«.

Der Lebensfrohe – Hans Georg Näder
(Otto Bock Prothesen)

Mit einem Schlag hätte Hans Georg Näder aufrücken können zu den Oetkers, Herz und Schleckers im Land. Er hätte einziehen können in den Club der deutschen Milliardäre. Die unglaubliche Summe von fast 2 Milliarden Dollar hatte ihm ein Investor für sein Unternehmen geboten. Hans Georg Näder musste nicht lange überlegen. Er lehnte ab. Freunde aus Amerika können das bis heute nicht verstehen. Er hätte doch eine neue Firma gründen und wieder Erfolg haben können, auf ganz anderem Gebiet, finden die. Hans Georg Näder findet das nicht. Er hat sein »Nein« nie bereut. »Noch nicht an einem einzigen Tag.«

Der Mann mit dem grauen Wuschelkopf erzählt die Geschichte nicht auftrumpfend, eher als Anekdote am Rande. Der Unternehmer verdient Millionen, mag den Luxus – »aus purer Lebensfreude«, wie er sagt – und hat doch etwas Demütiges. Das muss an den Produkten liegen, die er herstellt und millionenfach in alle Welt verkauft. Otto Bock, das Unternehmen, das er in dritter Generation lenkt, ist Weltmarktführer für Prothesen. Elektronisch gesteuerte Arme und Beine sind im Programm, Stützapparate, die zum Beispiel bei Spätfolgen von Kinderlähmung zum Einsatz kommen, Rollstühle und sogenannte Epithesen, die einen einzelnen Finger oder eine amputierte Brust ersetzen. 582 Millionen Euro setzte die Otto-Bock-Gruppe im Jahr 2008 vor allem in Europa und den USA um. Seit den Neunzigern wächst das Unternehmen pro Jahr um durchschnittlich fast 9 Prozent.

»Im Mittelpunkt steht immer der Mensch.« Hans Georg Näder

gibt einem so lapidaren Satz Gewicht. Seine Geschichten von Menschen bewegen – auch ihn selbst. Zum Beispiel die Geschichte von Curtis Grimsley, der das linke Bein oberhalb des Knies bei einem Autounfall verlor. Am 11. September 2001 sitzt der Computerspezialist an seinem Schreibtisch im 70. Stock des World Trade Centers, als plötzlich der Boden wankt. Er blickt aus dem Fenster, sieht jede Menge Papier vorbeifliegen und stürzt sich, wie Hunderte von Kollegen auch, zu den Nottreppen. 70 Stockwerke trägt ihn seine computergesteuerte Beinprothese hinab. Er rennt mit seinem C-Leg so schnell wie alle anderen. Und er kann sich retten.

Hans Georg Näders Augen strahlen, als er diese Geschichte erzählt. Auch von Andrew Lourake berichtet er gern. Der Pilot der US-Airforce verlor sein Bein nach einem Motorradunfall und 18 Operationen. Heute steuert er die Präsidentenmaschine Air Force Two – mit einem C-Leg. Als er am 7. November 2004 zum ersten Mal wieder auf der Gangway erscheint, richten sich die Kameraobjektive der Journalisten auf ein kleines Schild im Seitenfenster des Cockpits: Andrew Lourakes Behindertenparkausweis. Das Foto geht um die Welt. Es macht Hoffnung.

Hoffnung aus Deutschland

Otto Bock, das ist Hoffnung »Made in Germany« für Tausende Menschen in der Welt. Und Hans Georg Näder ist ein Vorzeigeunternehmer. Er steht für Deutschlands starken Mittelstand, kombiniert Hightech mit gutem Zweck. Kein Wunder, dass Politiker aller Couleur ihn gern besuchen. Kanzlerin Angela Merkel war schon in der Firmenzentrale im südniedersächsischen Duderstadt, genau wie ihre Amtsvorgänger Gerhard Schröder und Helmut Kohl. In seinen fast 20 Jahren an der Firmenspitze hat Hans Georg Näder zig Ministerpräsidenten, Bundes- und Landesminister im Landstrich Eichsfeld begrüßt, der Thüringen und Niedersachsen verbindet.

Dort konnten die Besucher Menschen wie Christin Ropte treffen. Bereitwillig schnallte die Mittzwanzigerin ihre Beinprothese ab und wieder an. Erklärte geduldig die elektronische Fernbedienung mit ihrem Wechsel vom Spaziergang- zum Radfahrstatus. Lief lächelnd ein paar Stufen hinauf und eine Metallrampe wieder herunter. Für Gäste tue sie das gern, sagte die junge Frau. Sie ist der Firma Otto Bock gleich doppelt dankbar. Mit elf Jahren verlor sie ihr Bein wegen eines Tumors, mit 17 bekam sie Otto Bocks C-Leg aus Carbon. Dank der elektrischen Prothese kann sie spazieren gehen, Auto fahren und sogar Inline skaten. Zudem ließ sie sich bei Bock zur Orthopädietechnikerin ausbilden und passte Kunden, die nach Duderstadt kamen, die Prothesen an.

Es sind nicht irgendwelche Prothesen. Die Technologie des deutschen Unternehmens mit mehr als 4300 Mitarbeitern und Geschäftskontakten in über 140 Ländern ist weltspitze. So brachte Otto Bock im Jahr 1997 die erste per Mikroprozessor gesteuerte Beinprothese auf den Markt. Das künstliche Kniegelenk reagiert durch seine Elektronik in Sekundenbruchteilen auf Veränderungen des Untergrunds. Bordsteinkanten, Kopfsteinpflaster oder Waldwege sind so für Menschen mit Behinderung keine Stolperfallen. Fünf Jahre lang hat ein Team um Hans Dietl, heute Geschäftsführer der Forschungs- und Entwicklungsabteilung, an dem C-Leg geforscht. 10 Millionen Euro flossen in die Entwicklung. »Wir haben das Produkt vor allem wegen des technologischen Fortschritts gemacht. Einen Markt gab es eigentlich nicht dafür«, erzählt Dietl.[1]

Der Entwickler irrte sich. Tausende von Kunden rund um die Welt fanden die Technik so beeindruckend, dass sie der Preis nicht abschreckte. Bis zu 24000 Euro kostet die High-Tech-Prothese. Rund 30000 Menschen, vor allem in den reichen Ländern Europas und den USA, nutzen sie bereits.

Freude am Spielen

»Wer innovativ sein will, muss Spielfreude haben«, sagt Unternehmer Näder. 30 Millionen Euro steckt er jedes Jahr in Forschung und Entwicklung. Manchmal muss man eben mutig sein und langfristig denken, meint Hans Georg Näder: »In einem börsennotierten Unternehmen hätte das C-Leg keine Chance gehabt[2]. 360 Menschen, das sind knapp 10 Prozent der Belegschaft der Otto Bock HealthCare, arbeiten an Erfindungen und Neuerungen. Für jeden Produktbereich – ob Armprothesen, Beinprothesen oder Rollstühle – gibt es ein sogenanntes Innovationskomitee. Darin sitzen Mitarbeiter aus der Forschung und Entwicklung, dem Marketing, der Produktion, Anwendungstechniker und Controller, die gemeinsam entscheiden, ob Produktideen von Entwicklern, Medizinern, Kunden und Vertrieb weiterverfolgt werden. Etwa ein Fünftel des Etats geht in grundlegende Entwicklungen. Der Rest wird verwendet, um bestehende Produkte zu verbessern. Denn für Näder ist die Firma »kein Investment, sie ist mein Leben«.[3]

Hans Georg Näder versteht sich als Teamchef, der eine Mannschaft aufstellt. Jeder soll auf seinem Platz Ideen entwickeln und ausprobieren dürfen, findet er und kommt zu seinem liebsten Thema, dem »Faktor Mensch«. Der Mensch stehe im Mittelpunkt nicht nur bei den Produkten von Otto Bock, sondern in der gesamten Firma. Das, findet Näder, unterscheidet sein Unternehmen von einem Großkonzern. Dort würden Mitarbeiter nach Belieben ausgetauscht, Chefposten nach Seilschaften vergeben. Er dagegen biete Kontinuität und Verlässlichkeit.

Mit diesem Selbstverständnis verlangt Näder seinen Mitarbeitern einiges ab. Getreu seinem Lebensmotto »Machen statt mäkeln« verordnete er seinen 2000 Beschäftigten in Deutschland ab April 2006 die 42-Stunden-Woche – ohne Lohnausgleich. Mit den zwei Stunden Mehrarbeit werde der Produktionsstandort Deutschland langfristig gesichert, erklärte er. Gewerkschaften und Teile der Belegschaft murrten. Der Chef zog die Sache trotzdem durch. »Die Entscheidung war goldrichtig. Da bleibe ich hart«, sagt er noch heute.

Sein Standortversprechen hielt er. Er investierte einen zweistelligen Millionenbetrag in die deutschen Werke Duderstadt und Königsee. Die Zahl der Mitarbeiter in Deutschland stieg binnen zwei Jahren um 80 auf 1700 Menschen. »Ich bin nie Huckepack mit meinem

Unternehmen um die Welt gezogen«, sagt er. Heimat und Wurzeln sind wichtig für ihn – vielleicht gerade weil er 200 Tage im Jahr unterwegs ist. Er pendelt zwischen Wien, Berlin, New York und Peking. Sein Schiff, der 46 Meter lange Luxussegler »Pink Gin«, ist auf den Weltmeeren zu Hause. Doch Heimat, das ist für Näder das kleine Örtchen Duderstadt, im Eichsfeld zwischen Seen und seichten Hügeln gelegen. Hier ist er geboren. Hier ist er bis heute Mitglied der Schützengesellschaft. Hier hilft er bei der Restauration von mittelalterlichen Baudenkmälern und Kirchen.

Seine Ehefrau Antje stammt aus dem Nachbarort. Ihr gehört ein Restaurant mit Blick auf den Seeburger See. Zwei Bildbände über den »Lebensraum Eichsfeld« hat Hans Georg Näder in den letzten Jahren herausgegeben. Es sind Liebeserklärungen an die Landschaft, verwunschene Seen im Nebel, verschneite Hügel. »Heimat ist für mich nicht kitschig, sondern gibt mir Bodenhaftung«, befindet der Unternehmer.

Erster sein

Bodenhaftung kann er gewiss gut brauchen. Das Vermögen des Endvierzigers wird auf mehrere Hundert Millionen Euro geschätzt. Er mag moderne Kunst, kostbare italienische Weine und Männerspielzeug à la James Bond. Seine Superjacht »Pink Gin« ist das längste und modernste Boot, das die bekannte finnische Manufaktur Baltic je gebaut hat. Sie überragt die »Visione« von SAP-Gründer und Multimilliardär Hasso Plattner, die aus dem gleichen Hause stammt, um rund 1,5 Meter. Auf ihr gewann Näder 2007 vor der Küste von Mallorca den New Zealand Millenium Cup.

Im Sommer 2008 stellte er mit einem anderen, eigens für ihn gebauten Gefährt einen ungewöhnlichen Rekord auf. In dem Amphibienfahrzeug »Tonic«, angetrieben von einem 170 PS starken Turbodieselmotor mit zwei Litern Hubraum, überquerte er den Ärmelkanal vom französischen Calais zum englischen Dover in einer Stunde, 14 Minuten und 30 Sekunden. Das sicherte ihm den Eintrag ins *Guin-*

ness Buch der Rekorde.[4] Den bisherigen Titelträger, den Gründer der Fluglinie Virgin Air, Sir Richard Branson, ließ der Mann aus Eichstädt um mehr als 25 Minuten hinter sich.

Über Luxus redet der Unternehmer nicht gern. »Ich liebe Lebenslust«, sagt er nur. Die Mischung aus technischen Spitzenlösungen und sportlichem Ehrgeiz fasziniere ihn. Aber wirklich wichtig sei das Materielle nicht. Das klingt bei Hans Georg Näder nicht aufgesetzt. Der rundliche Mann mit der Hornbrille ist kein Aufschneider. Leise und zurückhaltend kommt er daher. Er hat Betriebswirtschaft studiert, ist Honorarprofessor für Innovationsmanagement und Entrepreneurship an der privaten Fachhochschule Göttingen, wirkt aber eher wie ein verspielter Techniker als ein schneidiger Manager.

Für Technik kann er sich begeistern und für Menschen, die gerne ausreizen, was möglich ist. So wie der Leichtathlet Heinrich Popow. Er war neun Jahre alt und litt an Knochenkrebs, als sein linkes Bein amputiert wurde. Auf dem Bolzplatz wollte er trotzdem nicht immer als Letzter gewählt werden – und begann zu trainieren. Heute ist Popow Spitzensportler und Werbefigur von Otto Bock. »Du kannst alles schaffen, du musst dich nur mehr anstrengen als andere«, heißt sein Credo. Bei den Paralympics in Peking gewann Popow Silber im 100-Meter-Lauf.

Dort starteten Hunderte von Sportlern aus aller Welt mit Material von Otto Bock, einem der wichtigsten Sponsoren der Olympiade für Sportler mit Behinderung. Das deutsche Unternehmen entsandte 136 Orthopädietechniker aus 19 Ländern zu den Spielen. In der Otto-Bock-Lounge konnte Georg Näder nicht nur Spitzenathleten, sondern auch Prominenz aus aller Welt begrüßen. Bundespräsident Horst Köhler und die niederländische Prinzessin Margriet schauten vorbei, genau wie Eiskunstläuferin Katarina Witt und IOC-Präsident Jacques Rogge.

Näders Forscher feilen derweil an neuen High-Tech-Lösungen für Behinderte. Im Winter 2007 präsentierten sie den Prototyp einer gedankengesteuerten Armprothese. Anders als bei bisherigen Modellen müssen Patienten dabei nicht über Muskelgruppen die Bewegung des künstlichen Arms erlernen. Die Prothese nutzt Nervenbahnen, die vor der Amputation den natürlichen Arm steuerten, zur Signalübertragung. In wenigen Jahren soll das Modell alltagstauglich sein und in den Verkauf gehen. Welten liegen zwischen dem heutigen Technologieunternehmen und seinen Anfängen. Als Näders Großvater, Otto Bock, die Firma im Jahr 1919 gründete, war das Holzbein Standard. Neu war allerdings seine Produktionsidee. Anstatt die künstlichen Gliedmaßen individuell anzufertigen, fabrizierte Otto Bock Prothesenpassteile in Serie und lieferte sie direkt an Orthopädiemechaniker vor Ort. So ließen sich Tausende Versehrte aus dem Ersten Weltkrieg versorgen. Der Grundstein für die orthopädische Industrie war gelegt.

Hightech statt Holzbein

Kurz nach der Gründung in Berlin zog der junge Unternehmer mit seiner Firma zurück in die Heimat, nach Königsee im Thüringer Wald. Dort wuchs das Unternehmen auf mehr als 600 Mitarbeiter in Zeiten des Zweiten Weltkriegs. Im Jahr 1948 kam der Bruch. Die sowjetischen Besatzer enteigneten den Großvater entschädigungslos. Nicht weit vom Stammwerk, im Niedersächsischen Duderstadt, hatte Georg Näders Vater, Max Näder, kurz zuvor bereits mit dem Aufbau einer Fertigung begonnen. Dort starteten die Familienunternehmer neu. Schon bald gelang ihnen – aus der Not geboren – ein technischer Durchbruch. Pappelholz, der bevorzugte Baustoff für Prothesen, war nach dem Krieg kaum zu beschaffen. Der promovierte Ingenieur Max Näder suchte Ersatz und fand ihn in der chemischen Industrie. 1950 kamen erstmals Kunststoffe zum Einsatz. Drei Jahre später gründete Näder die firmeneigene Kunststoffsparte, die bis heute Materialien für Otto Bocks Hightech-Produkte liefert.

Schon Vater Max Näder, der Ingenieur und Tüftler, trieb die internationale Expansion des Unternehmens voran. Im Jahr 1958 gründete er Otto Bock USA in Minneapolis. Heute hat das Unternehmen eigene Werke in acht Ländern und eigene Vertriebsgesellschaften in

40 Staaten der Erde. Die Tochter in den USA trägt rund 30 Prozent zum Umsatz der Firmengruppe bei. Max Näder war 75 Jahre alt, als er im Jahr 1990 die Geschäfte an seinen Sohn Hans Georg übergab. Der war 28 Jahre jung und wenig erfahren. Betriebswirtschaft hatte er studiert und einige Praktika im Ausland absolviert. Er sollte sich als Glücksgriff für die Firma erweisen. Unter seiner Ägide ging die internationale Expansion mit großen Schritten voran. Er stärkte Forschung und Entwicklung, Marketing und Vertrieb – und vervierfachte den Umsatz in den folgenden 18 Jahren von 140 auf 582 Millionen Euro im Jahr 2008.

Immer wieder holte sich der Sohn Rat bei seinem Vater. Die beiden verband eine ungewöhnliche Freundschaft. »Über Jahrzehnte war mein Vater auch mein bester Freund«, sagt Hans Georg Näder. Im Jahr 2001 bewahrte ihn der väterliche Freund vor einem schweren Fehler. Alle Weichen waren schon gestellt. Bei Investoren und Analysten rund um die Welt hatte Hans Georg Näder für das Projekt geworben. Dann – acht Wochen vor dem geplanten Börsengang der wichtigen HealthCare-Sparte – stellte der Vater die entscheidende Frage. »Junge, was wollt ihr eigentlich an der Börse?« Der Sohn wusste keine wirklich gute Antwort – und blies die Aktion ab. Heute ist er heilfroh darüber. Er möchte sich gar nicht ausmalen, wie es um seine Firma stünde, in Zeiten der Weltfinanzkrise mit Börsenkapital und zwei bis drei Hedgefonds an Bord. 2008 wäre kein Rekordjahr geworden, mit dem höchsten Umsatz und dem höchsten Gewinn in der Firmengeschichte, so viel ist sicher.

Im Jahr 2009 folgt ein weiterer Meilenstein in der Firmengeschichte folgen. Otto Bock ist – 90 Jahre nach der Gründung – zurück gekehrt zu seinen Wurzeln nach Berlin. Im Herzen der Stadt, zwischen Potsdamer Platz und Brandenburger Tor, ist das Otto Bock Science Center entstanden, ein moderner Neubau aus Aluminium und Glas. Die geschwungene Fassade ist der Struktur von Muskelfasern nachempfunden. Auf drei Ausstellungsebenen können Besucher Hightech-Produkte rund um das Thema Mobilität entdecken. Darüber gibt es Seminarräume und eine Orthopädiewerkstatt für

Fachleute aus aller Welt. »Wir bringen das Thema Behinderung im wörtlichen Sinne in die Mitte der Gesellschaft«, sagt Näder. Er möchte mit dem neuen Gebäude auch die Marke Otto Bock »neu bespielen«. Menschen mit Behinderung sollen künftig bei ihren Ärzten und Therapeuten gezielt nach Produkten von Otto Bock fragen – und nicht erst von ihnen darauf gestoßen werden. »Von Push zu Pull«, nennt Näder das.

Immer mehr Kunden

Er sieht für seine Firma und deren Produkte in den kommenden Jahren und Jahrzehnten riesiges Wachstumspotenzial. Einen mächtigen Trend hat er auf seiner Seite: den demografischen Wandel in den Industriestaaten. Dort gibt es immer mehr Alte, und Alte werden häufiger krank. Schon heute haben zwei Drittel der Amputationen in Deutschland mit Spätfolgen der Diabetes zu tun. Die wiederum tritt besonders häufig im Alter auf. Auch Schlaganfälle und Krankheiten wie Osteoporose und Arthrose häufen sich bei älteren Menschen. So haben die Produkte von Otto Bock, die helfen, »dass Menschen mit Behinderung kein behindertes Leben führen müssen«, immer mehr potenzielle Kunden.

»Wir machen unsere eigene Konjunktur«, sagt Firmenchef Näder. Allein 2009 will er 35 Millionen Euro für Forschung und Entwicklung ausgeben. Er rechnet – Krise hin oder her – mit einem Umsatzwachstum von 10 Prozent. Familienunternehmen wie seines, davon ist Näder überzeugt, werden gestärkt aus der Krise hervorgehen. Die Gründe dafür seien vielschichtig. Da ist einerseits die solide Finanzierung – Otto Bock hat eine Eigenkapitalquote von 59 Prozent –, die es ermöglicht, Chancen für Zukäufe zu nutzen. Andererseits wird das Unternehmen attraktiver für hoch qualifizierte Ingenieure und Techniker aus dem In- und Ausland. »Sie finden bei Otto Bock einen sicheren Heimathafen in der Krise und gleichzeitig viel Freiheit und Entwicklungschancen.«

Die Fehler der großen Konzerne will Hans Georg Näder auf jeden

Fall vermeiden. Er will verlässlich sein für seine Mitarbeiter, auch wenn das Geschäft einmal schwanken sollte. Und er möchte Kontinuität auch in der Führung.

Eines ist ihm aufgefallen in den vergangenen Wochen und Monaten. Die Konzernmanager seien heruntergestiegen von dem hohen Ross, auf dem sie einst saßen. Das macht Näder an ganz kleinen Dingen fest, an Begegnungen in der Flughafenlounge etwa. Da grüßten Konzernlenker plötzlich freundlich, wirkten weniger glatt, weniger unnahbar. »Die Welt ist sympathischer geworden durch die Krise«, findet der Familienunternehmer.

Noch etwas hat sich für Hans Georg Näder mit der Krise geändert. »Der Bienenschwarm von Investmentbankern ist verschwunden«, erzählt der Firmenchef. All die Herren, die den Unternehmer einst zu »großen Schritten« wie einem Börsengang motivieren und sich selbst Arbeit beschaffen wollten, haben derzeit genug mit sich selbst zu tun. Verkaufen könnte der Unternehmer aus Duderstadt allerdings immer noch – jederzeit, sagt er. »Wir vertreten einen Investor, der über große Geldmittel verfügt und Interesse an Ihrem Unternehmen hat.« Solch ein Satz ist für ihn Standardlektüre. So einen Brief bekommt Hans Georg Näder einmal im Monat, überfliegt ihn und legt ihn zur Seite. Er muss nicht lange überlegen. Die Beträge, die die Interessenten bieten würden, variieren. Näders Antwort bleibt immer die gleiche. »Nein.« Und immer wieder »nein«. Er hat es bisher nicht bereut. »Noch nicht an einem einzigen Tag.«

Der Kämpfer – Dirk Roßmann
(Drogerien)

Neben Dirk Roßmanns Schreibtisch steht, auf kugeligen Füßen, ein raumhoher Obelisk aus Holz. Was der zu bedeuten habe? Deutschlands drittgrößter Drogist hätte sich eine Geschichte zurechtlegen können – über Obelisken in der ägyptischen Mythologie und Stein gewordene Strahlen von Sonnengöttern vielleicht. Oder vom berühmten Washington Monument als Zeichen für Freiheit und Demokratie. Aber er winkt ab. »Weiß ich doch nicht«, grummelt er. Seit 20 Jahren stehe »das Ding« jetzt hier, sei irgendwie hier gelandet. Seine Frau fände es furchtbar. »Aber was hier steht, das steht hier.« Seine Stimme wird entschlossener. »Mein Büro ist kein Kunstwerk«, sagt er dann. »Das ist hier 'ne Stätte der Arbeit und der Begegnung.«

Dirk Roßmann kann beinahe bullerig bodenständig sein. Der Mann, dem heute über 2000 Drogeriemärkte im In- und Ausland gehören, ist für seine markigen Sprüche bekannt. In der hart umkämpften Branche schenkt man sich nichts. Und Rossmann, die Nummer drei auf dem deutschen Markt, greift die Konkurrenten dm und Schlecker hart an. Es ist ein Kampf um die besten Standorte in den Innenstädten. Jede Woche eröffnen zwei bis drei neue Filialen von Rossmann, anders als der Unternehmer mit Doppel-S geschrieben. Und es ist ein Kampf um die besten Preise. Seit Jahren streitet Roßmann mit dem Kartellamt über angebliche Verkäufe unter Einstandspreis. »Das kämpfe ich durch«, sagt er entschlossen.

Das ist die eine Seite von Dirk Roßmann. Die andere ist leiser, suchender, beinahe unsicher. Sie muss Wurzeln haben in seiner Vergangenheit, der Kindheit im darniederliegenden Nachkriegsdeutschland, dem frühen Tod des Vaters und dem täglichen Kampf der Mutter, die die Familie zu versorgen hatte. Der zweieinhalb Jahre ältere Bruder, von dem er nicht weiter spricht, »studierte«. Der jüngere Dirk, geborcn 1946, schaffte nur die Volksschule. Ein hoch neurotisches Kind sei er gewesen, erzählt der Unternehmer. Habe an den Fingernägeln gekaut und sich zu Hause in seinen Büchern vergraben. Einiges von dem, was er damals las, gibt ihm bis heute Halt.

Dirk Roßmann hat sich sein eigenes Weltbild zusammengebaut. Als Autodidakt. »Ich bin ein sehr belesener Mann«, sagt er. Er mag Schopenhauer. Und Nietzsche. In *Also sprach Zarathustra* findet er viel Wahrheit – und Parallelen zu seinem eigenen Leben. Auch er habe schon mehrere Stadien durchlaufen, wie sie Nietzsche beschreibt. Habe sich verwandelt, vom Kamel, das Lasten auf sich nimmt, zum Löwen, der Freiheit und Selbstbestimmung einfordert. Heute befinde er sich irgendwo auf dem Weg in die dritte Verwandlung aus *Zarathustra* – vom Löwen zum Kinde, das die Dinge spielerisch und weniger verbissen angehe.

Der Geschäftsmann Roßmann allerdings wirkt eher pragmatisch als verspielt. Woche für Woche besucht er Filialen im ganzen Land, schaut dort unangemeldet nach dem Rechten. Ist ein Laden verdreckt, greift der Chef schon mal selbst zum Schrubber. Das mache mehr Eindruck als jede Zurechtweisung, erzählen Mitarbeiter.

Manchmal muss sich Roßmann auch um kleinste Details selbst kümmern. Zum Beispiel das Klebeband auf den Einpacktischen. Der Abroller sei dort wirklich »so was von blöd« eingebaut. Da komme kein Mensch dran. Das müsse noch vor dem Weihnachtsgeschäft anders werden.

Sein Pragmatismus trieb den Unternehmer auch Anfang der Achtzigerjahre, als er eine weitreichende Entscheidung fällte: Er brauchte Geld, um seine Expansion zu finanzieren. Durch einen persönlichen Kontakt stieß er auf die Hannover Finanz, einen Kapitalgeber, neudeutsch Private-Equity-Gesellschaft genannt. Ihr verkaufte er nach und nach fast 40 Prozent seines Unternehmens. Für einen Familienunternehmer ist ein solcher Schritt noch heute ungewöhnlich. Damals war er höchst ungewöhnlich.

Anteilseigner aus China

Roßmann bereut ihn nicht. Heute wären die Beträge, um die es ging, für ihn zwar kaum noch der Rede wert – in einem ersten Schritt bekam er 2 Millionen Mark Risikokapital. »Aber wenn man fast nichts hat, macht das einen riesigen Unterschied.« Ohne frisches Geld wäre die Erfolgsgeschichte Rossmann schon in den Achtzigerjahren zu Ende gewesen. Damals begann in der Branche ein Wettlauf um Größe, der bis heute andauert. »Wachse oder stirb« hieß das Motto. Erst wurden einzelne Geschäfte von aufstrebenden Firmen aufgekauft, dann verschwanden mit Drospa, kd, Idea und Ihr Platz ganze Ketten als eigenständige Anbieter. Übrig blieb ein den Markt beherrschendes Quartett: Schlecker, dm, Rossmann und Müller.

Die Anteile an Roßmanns Unternehmen wurden unterdessen weit herumgereicht. Die Hannover Finanz verkaufte an die niederländische Drogeriekette Kruidvat, die wiederum fand im Hongkonger Mischkonzern Hutchinson Whampoa mit der Einzelhandelstochter A.S. Watson einen Käufer. So gehören heute 40 Prozent an dem deutschen Familienunternehmen den Chinesen. Mehr allerdings sollen sie nicht bekommen. »Ich verkaufe nichts«, sagt Roßmann. Satte 60 Prozent der Anteile blieben in der Familie. So könne ihm niemand reinreden. »Ich bin und bleibe Herr im Haus.«

Seine Unabhängigkeit ist ihm bis heute wichtig. Er hat sie hart erarbeitet. Zwölf Jahre war Dirk Roßmann alt, als der Vater starb. Die Mutter blieb zurück mit zwei Söhnen und einer kleinen Drogerie in der Podbielskistraße 61 in Hannover. Auf 30 Quadratmetern Verkaufsfläche machte der Laden, der auch die Großeltern ernähren musste, etwa 700 Mark Tagesumsatz. Schon früh half Dirk, das Haushaltsgeld aufzubessern. Zur Hannover Messe stand er mit einem Schild »Zimmer frei« an der B3. Fand er Messegäste, zog die Familie vorübergehend in den Keller.

Schon bald hatte Roßmann eine einträglichere Geschäftsidee. Er bot den Kunden der Rossmannschen Drogerie einen ganz besonderen Service: Sämtliche Einkäufe lieferte er auf Bestellung per Fahrrad nach Haus. Rabattmarken, damals bei den Hausfrauen höchst beliebt, gab es auch dazu. Das Geschäft florierte. Jeden Monat lieferte der Junge Waren im Wert von 10 000 bis 13 000 Mark aus. 10 Prozent davon durfte er behalten, so war es mit der Mutter abgemacht. Schon als 16-jähriger Drogerielehrling konnte sich Roßmann so seine erste Eigentumswohnung kaufen – für 66 000 Mark in der Liliencronstraße in Hannover.[1]

Doch Anfang der Siebzigerjahre geriet das beschauliche Drogeriegeschäft ins Wanken. Die Politik hob die Preisbindung auf, wie sie heute noch bei Büchern gilt. Größere Läden mit entsprechender Einkaufsmacht konnten Marken wie Nivea, Bac, Fa und Penaten plötzlich deutlich billiger anbieten als die kleine Konkurrenz. »Damals war mir schlagartig klar, dass die klassische Drogerie, wie meine Eltern sie besaßen, nicht mehr lebensfähig sein würde«, erzählt Roßmann.[2]

Der junge Drogist ersann eine Innovation, die die gesamte Branche umkrempeln sollte: Am 17. Mai 1972 eröffnete der damals 25-Jährige in der Jakobistraße 6 den ersten Selbstbedienungs-Drogeriemarkt in Deutschland. Dort stand kein Verkäufer mehr hinter dem Tresen, der die gewünschte Ware reichte. Stattdessen schlenderten die Kunden selbst durch den Laden, vorbei an hell beleuchteten Regalen. Und sie waren begeistert. Statt der üblichen rund 700 Mark flossen schon am ersten Tag fast 20 000 Mark in die Kasse. »Wir haben abends im Keller das Geld vor Freude in die Luft geworfen«, erinnert sich Roßmann.

Siegeszug der Selbstbedienung

Der Siegeszug der SB-Märkte begann. Roßmann eröffnete – zunächst nur in Norddeutschland – eine Verkaufsstelle nach der anderen. Einige Jahre später folgten die Konkurrenten dm und Schlecker. Der klassische Krämer mit Drogeriewaren war Geschichte. Das Prinzip freundlicher Herr oder freundliche Dame hinterm Tresen kennt man heute nur noch aus der Apotheke.

Dirk Roßmann fühlte sich wohl in seiner neuen Rolle als Großunternehmer. Und die Mutter, die noch bis 1992 lebte, war stolz auf ihren Sohn. Vielleicht, sinniert Roßmann heute, waren es auch ihre Wünsche, ihre unbewussten Signale, die ihn, den Zweitgeborenen, antrieben. Denn für die Mutter war die Verbindung mit einem Drogisten ein sozialer Abstieg gewesen. Sie kam aus einem »sehr wohlbestellten Haus« – die Eltern hatten ein gut gehendes Pelzgeschäft und eine kleine Mützenfabrik.»Und meine Mutter war, ich glaube, die zweite Frau in Hannover, die einen Führerschein hatte.« Sicher habe sie immer den Wunsch gehabt, eines ihrer Kinder würde Karriere machen, damit es einmal wieder so würde, wie es in ihrer Kindheit war: ohne materielle Sorgen.

Ihr Wunsch sollte sich erfüllen. Dirk Roßmann gehört heute zu den 200 reichsten Deutschen. Geschätztes Vermögen: mehrere Hundert Millionen Euro.[3] Das allerdings hat ihn nicht protzig gemacht. Roßmann verzichtet auf die Statussymbole des Reichtums – ist »maßvoll« geblieben, wie er es nennt.»Ich habe keine Jacht, keine Ferienhäuser im Ausland.« Eine Uhr trägt er nicht.»Wenn ich es wissen muss, kann ich ja einen Mitarbeiter nach der Uhrzeit fragen.«

Die Geschäfte laufen weiter gut. Doch zwei Konkurrenten, die später gestartet sind, haben ihn schon vor langer Zeit überholt: Anton Schlecker, der mit viel kleineren Filialen auch in Dörfern präsent ist, und Götz Werner mit seinen dm-Märkten. Privat mag Roßmann die beiden Konkurrenten gern leiden. Die Schleckers seien »persönlich absolut nette Leute«, sagt er. Geschäftlich allerdings haben sie einen eher schlechten Ruf. Schlecker ist für sein Misstrauen gegenüber den Mitarbeitern bekannt. In vielen Filialen gibt es aus Angst vor Missbrauch nicht einmal ein Telefon. Stattdessen dudeln rund um die Uhr Werbevideos, die Angestellten und Kunden auf die Nerven fallen.

Ganz anders bei dm. Der passionierte Anthroposoph Werner

nimmt sogar die Inspiration für seine Mitarbeiterführung aus der Lehre Rudolf Steiners. Er setzt auf Wohlfühlklima statt Konkurrenz um Prämien, bietet zur »ganzheitlichen Entwicklung der Persönlichkeit« Theaterkurse an. Zudem wirbt er seit Jahren für eine staatliche Grundsicherung, die sämtlichen Bürgern ermöglichen soll, frei von Existenzängsten Sinn und Spaß in ihrer Arbeit zu finden. Götz Werner kann all diese Ideen in schöne Worte fassen. Er ist ein freundlicher, herzlicher älterer Herr, den die Medien lieben. »Der Menschenveredler«, »Der gute Riese« oder »Der Menschenfreund« sind typische Überschriften, wenn sie über die Nummer zwei der Drogeriebranche berichten.

Dirk Roßmann ist anders. Der kleine Mann ist kein begnadeter Redner. Einem wie ihm fliegen die Herzen nicht zu. Das weiß er – und hat sich damit arrangiert. Früher einmal habe er gelitten unter so viel Sympathie für den Konkurrenten. Heute zollt er Götz Werner »hohen Respekt« für seinen Führungsstil. Er müsse nicht beliebter sein als Werner, sagt Roßmann. Hauptsache, er sei mit sich selbst im Reinen.

Auch Dirk Roßmann lebt seine Werte. Auch er möchte, dass seine Mitarbeiter zufrieden sind. Schon allein aus ganz pragmatischen Gründen: »Die Kunden merken, was für eine Stimmung in einem Geschäft herrscht. Wenn sich die Mitarbeiter wohlfühlen, fühlen sie sich auch wohl.« Auch bei Rossmann gibt es Theaterkurse. Im Waldhof, dem firmeneigenen Seminarzentrum, sind auch Meditation und Yoga im Angebot. Außerdem organisiert er immer wieder Betriebsausflüge, zuletzt mit über 4000 Angestellten in den Wörlitzer Park. Die Betriebsräte jedenfalls haben bisher nur Gutes über ihren Arbeitgeber zu berichten. Obwohl nicht in der Tarifgemeinschaft, zahle Rossmann nach Tarif, auch Zuschläge sowie Urlaubs- und Weihnachtsgeld. Von den Mitarbeitern in den Filialen hört man ebenfalls viel Positives: »Ich arbeite gern hier«, sagt eine Angestellte in Ballenstedt, einem kleinen Ort im östlichen Harz. Die Fortbildungen findet sie »klasse«, und der Unternehmer ist ihr »sehr sympathisch«.

Wenn der Unternehmer eine Filiale betritt, gibt er jedem die Hand – ob Marktleiterin, Praktikantin oder Putzfrau. »Ich möchte allen das Gefühl geben, dass sie als Personen wertgeschätzt werden, möchte deutlich machen: Ohne euch gäbe es Rossmann gar nicht.«

Atheist in Afrika

Dirk Roßmann engagiert sich auch als Wohltäter – auf seine eigene, pragmatische Weise. »Mir soll es gut gehen und anderen auch«, heißt sein Motto. Das sei dann eine »Win-Win-Situation«. »Dafür brauche ich kein religiöses Dogma«, sagt er. Aus der Kirche trat er schon als junger Mann aus. Er glaube an die Kraft des menschlichen Geistes. 1991 gründete Roßmann die Stiftung Weltbevölkerung, die mit einem Etat von rund 6 Millionen Euro im Jahr Menschen in Afrika über Aids und Familienplanung aufklärt. Schrecklich aufregen kann er sich über die katholische Kirche und die christliche Rechte in den USA, die Kondome ablehnten und lieber Almosen an Kranke verteilten.

Vor einigen Jahren war er in Äthiopien und hat sich das Elend vor Ort angesehen. Furchtbar sei das gewesen und für ihn selbst ziemlich unbequem. Er erzählt von schmutzigen Kammern, in denen er und seine Frau übernachten mussten, keine Dusche weit und breit. Ein gemeiner Virus habe fast die ganze Delegation erfasst. Nein, solche Reisen muss er nicht andauernd haben. Roßmann will Gutes tun, das schon. Aber ihm soll es auch gut gehen dabei. Er hat keinen missionarischen Eifer wie ein Heinz-Horst Deichmann. Roßmanns jüngst gegründete Stiftung ist die Rossmann-Stiftung, sie fördert zum Beispiel ein Hilfsprojekt für Straßenkinder in Addis Abeba.

Manche Wohltaten tut er einfach so – aus dem Bauch heraus. So wie im Januar 1990, als er fast 20 000 *Spiegel*-Hefte nach Leipzig schmuggelte. Damals waren die Grenzen zwar offen, die Presse war aber noch nicht frei. Roßmann platzierte sich mit seinem Firmenlieferwagen am Rand der legendären Montagsdemo – zwischen den Übertragungswagen von ARD, ZDF und DDR-Fernsehen. Gemeinsam mit seiner Frau verteilte er die Hefte. Tausende Demonstranten bedrängten den Ford Transit mit dem roten Rossmannaufdruck, um ein Exemplar zu erhalten. »Es war unglaublich«, erinnert sich der Unternehmer. Er war in Leipzig, weil er »einfach etwas tun« wollte. »Ich wollte, dass die Menschen dort das lesen können, was auch wir lesen«, sagt er. Die einzigen Informationen aus dem Westen sollten nicht die Flugblätter der Republikaner sein.

Expansion mit Bauchgefühl

Im eigenen Unternehmen kümmert sich Dirk Roßmann vor allem ums Wachstum. Er leitet die »Expansionsabteilung«, sucht neue Standorte aus, bestimmt die Ausstattung der Läden und die Preisgestaltung. Auch da braucht er ein gutes Bauchgefühl. Seit über zehn Jahren wächst der Umsatz der Gruppe zweistellig. Im Jahr 2008 kletterte er für Deutschland auf 2,9 Milliarden Euro. Täglich kaufen mehr als eine Million Kunden bei Rossmann ein. Fast 1400 Märkte gibt es in Deutschland, über 600 weitere in Polen, Ungarn und Tschechien. Für den deutschem Markt plant Dirk Roßmann bis 2015 noch 600 weitere Filialen zu eröffnen.[4] Um als einer der ersten westlichen Einzelhändler in Albanien Fuß zu fassen, kooperiert Roßmann mit dem dortigen Fußballstar Altin Lala. An der erst 2008 gegründeten Gesellschaft »Rossmann & Lala« hält der Deutsche den mehrheitlichen Anteil von 75 Prozent. Wie schon bei den Finanzinvestoren, bleibt er auch auf den Auslandsmärkten seinem Grundsatz treu: Roßmann ist Herr im Hause.

Seinen deutschen Konkurrenten ist Roßmann nicht nur auf so manchem Auslandsmarkt voraus. Als erster deutscher Drogist startete er im Dezember 1999 den Online-Versandhandel. Zumindest dort macht er auch dem Fabelwesen in seinem Firmenlogo alle Ehre. Im »o« von Rossmann springt ein roter Zentaur. Die Pferdemenschen aus der griechischen Mythologie sind ein wildes, lüsternes Volk. Lüstern geht es auch in der Erotiksparte der Website zu. Dort gibt es – einer Kooperation mit dem Erotikhändler Orion sei Dank

– alles von Gleitcreme über Sexwäsche bis hin zu Dildos in allen Farben und Größen auf Bestellung. Darauf angesprochen weicht der Unternehmer aus. Bei vielem gucke er einfach weg in diesem Hause, sagt er beinahe verschämt. Darum kümmerten sich Leute in der Onlineabteilung, die meinten, dass sie damit Geld verdienen könnten. Beim Geldverdienen ist Dirk Roßmann schon viele unorthodoxe Wege gegangen. Früher habe er so wild an der Börse gezockt, dass er nachts nicht mehr schlafen konnte, erzählt er. Darunter auch verrückte Geschäfte. Wie etwa, als er auf den Tipp eines Bankers hin 100 Millionen Euro auf eine Kursdifferenz bei Optionsscheinen auf Bundeswertpapiere zwischen London und Frankfurt setzte. »Ein todsicheres Geschäft«, habe der versprochen. »Nach acht Tagen hatte ich 1 Million Euro verdient – und habe bis heute noch nicht genau verstanden, warum.«

Heute ist Roßmann, auch auf Drängen seiner Frau, ruhiger geworden. Statt auf Kursschwankungen an den Börsen konzentriert er sich auf die eigene Firma. Dort denkt er, obwohl schon über 60, noch längst nicht ans Aufhören. Konkurrent Götz Werner von dm hat die Geschäfte im Jahr 2008 an einen externen Manager übergeben. Er wolle keines seiner sieben Kinder mit Erwartungen überfrachten, hat er in einem Interview einmal gesagt.

Dirk Roßmann sieht das anders. Sein älterer Sohn Daniel, Mitte 30, arbeitet bereits im Unternehmen. Er leitet die firmeneigene Immobiliengesellschaft. Der jüngere Sohn Raoul, Mitte 20, studiert Betriebswirtschaft an einer Berufsakademie. Ihnen will Roßmann einmal ein »gut bestelltes Haus« übergeben. Noch aber ist es nicht so weit. Noch arbeiten die beiden im Hintergrund, genau wie Roßmanns zweite Frau Alice, mit der er seit über 20 Jahren verheiratet ist. Sie ist in der Geschäftsführung verantwortlich für Eigenmarken und das Sortiment »Rossmann Ideenwelt«. Frau und Söhne treten kaum in der Öffentlichkeit auf. Gemeinsame Fotos gibt es nicht. In der Klatschpresse kommen die Roßmanns nicht vor. Dirk Roßmann ist Unternehmer, kein Gesellschaftslöwe.

Auf die Frage, wer er gerne wäre, hat Roßmann einmal geantwortet: Fürst Myschkin, die Hauptfigur aus Dostojewskis *Idiot*. Der Roman gehört wie die Werke Schopenhauers und Nietzsches zum Gerüst von Roßmanns Weltbild. Gern erzählt er, wie sehr ihn der Fürst schon mit 20 Jahren beeindruckt habe und dann mit 40 und mit 60, als er das Buch erneut gelesen habe. Myschkin war Außenseiter in der Sankt Petersburger Gesellschaft – zu sensibel, zu wenig »Macho«. »Seine tiefe Bescheidenheit, seine Großmut und seine Ehrlichkeit wurden von den Leuten verkannt«, sagt Roßmann. Auch er fühlt sich ein wenig verkannt, manchmal. Zum Beispiel dann, wenn ihn Journalisten als »Bullerjahn« bezeichnen, als »Enfant terrible« der Drogeriebranche gar. Er selbst erlebe sich als lebendig und engagiert, ausgestattet mit »weicher Hartnäckigkeit«, sagt der Unternehmer. Mit Hartnäckigkeit auf jeden Fall kämpft er weiter – gegen die Konkurrenz im In- und Ausland und gegen das Kartellamt. Im Streit um angeblich zu niedrige Preise will er zur Not bis vor den Europäischen Gerichtshof ziehen.

Der Biopionier – Claus Hipp (Babynahrung)

Manche Unternehmer stellen ihren Erfolg gern zur Schau. Sie lassen sich in teuren Limousinen kutschieren, laden Gäste auf Segeljachten und verschanzen sich hinter großen Schreibtischen in kühlen Büros. Ihr Credo: Wer viel hat, dem traut man auch viel zu. Klappern gehört schließlich zum Handwerk.

Claus Hipp ist keiner von diesen Unternehmern. Wer ihn besucht, wird mit herzlichem Handschlag empfangen und fühlt sich willkommen in einem holzvertäfelten Büro, das mehr an eine bayerische Gaststube erinnert als an die Schaltzentrale eines Großbetriebs. Man nimmt Platz in einer Sitzecke um einen mit Schnitzereien verzierten Holztisch – und kommt ins Gespräch. Schnell wird klar: Hipp braucht sie nicht, die Attribute der Macht. Für ihn ist anderes wichtig. Muße zum Beispiel sowie Verlässlichkeit und nachhaltiges Wirtschaften.

Für Dienstfahrten nutzt Claus Hipp seinen alten Mercedes Kombi, Baujahr 1991, betrieben mit Biodiesel.[1] Der dunkelgrüne Lack hat schon einige Kratzer abbekommen. Der Innenraum versprüht das Flair einer Studentenbude – etwas verdreckt, aber voller Leben. Im Kofferraum liegt ein zusammengeklapptes Fahrrad für kurze Strecken in der Stadt. Handschuhfach und Armaturenbrett sind mit Kreide beschmiert. »Mein Merkzettel. Für Telefonnummern, Adressen, Einkäufe«, sagt Hipp.

Autos werden in seinen Augen hierzulande sowieso überbewertet. Gegen das »Gehabe« darum hat er sich immer gewehrt. Als Präsident der Industrie- und Handelskammer München und Oberbayern kam er gern mit dem Fahrrad zu Terminen. Ein militanter Umweltaktivist, einer gar, der andere zurechtweisen würde, war er nie. Aber er hat doch Spaß daran, zu provozieren. Zu zeigen: »Ich habe es nicht nötig, den Zirkus mitzumachen.«

Bruch mit Konventionen

Claus Hipp geht unkonventionelle Wege. Er ist kein Rebell – eher ein Bewahrer. Ein Konservativer im ursprünglichen Sinne. »Christliche Verantwortung soll unser Handeln prägen«, heißt einer seiner Leitsprüche. Der sagt viel aus über den Menschen – und ist ein Schlüssel zu seinem unternehmerischen Erfolg.

Im Jahr 1967 übernahm Claus Hipp den väterlichen Betrieb und baute ihn aus zum deutschen Marktführer für Babykost. Heute hat der über 70-Jährige rund 1000 Mitarbeiter. Er setzte mit seinen Produkten im vergangenen Jahr rund 410 Millionen Euro in ganz Europa um.

Markenzeichen des Hauses Hipp sind Bioprodukte. Schon in den Fünfzigerjahren begann der Vater mit ökologischer Produktion. Sohn Claus setzte voll und ganz auf den Anbau im Einklang mit der Natur. Heute kauft Hipp bei 6000 Biobauern, die zusammen eine Fläche von 15000 Hektar bewirtschaften, was rund 21000 Fußballfeldern entspricht. Damit ist das Unternehmen der größte Verarbeiter von organisch-biologischen Rohstoffen weltweit.

Mit der Umstellung auf Bioprodukte waren die Hipps ihrer Zeit weit voraus. Sie war kein Marketinginstrument, keine Anpassung an den Mainstream, sondern Pionierarbeit aus innerster Überzeugung. Entscheidend war hier eine besondere Stärke der Familienunternehmen: ihr langer Atem.

Bei den Großen des Handels musste Hipp kräftig dafür werben, als er komplett auf Bioprodukte umstellte. Schließlich wurde dadurch alles teurer. »Im Rückblick war es die richtige Entscheidung«, sagt der Unternehmer. Und die habe so nur ein langfristig denkender Familienunternehmer treffen können. »In einer Kapitalgesellschaft wäre der Vorstand ausgewechselt worden, denn die Anteilseigner hätten es nicht hingenommen, mehrere magere Jahre ohne Verzinsung über sich ergehen zu lassen.«[2]

Zuversicht schöpfte Hipp aus einer weiteren klassische Tugend von Familienunternehmern: dem Sinn für Tradition. Die ist für den Biopionier allgegenwärtig. Bis heute lebt er auf dem Hof der Familie, der im 14. Jahrhundert erbaut wurde. Auch seine fünf Kinder sind hier aufgewachsen. Hipp sieht sich selbst als ein Glied in einer langen Kette von Menschen. Zwei seiner Söhne sind bereits seit Jahren in der Geschäftsführung der Firma und sollen einmal das Werk des Vaters und des Großvaters weiterführen. »Das Bestreben, das Erbe weiterzugeben, ist ein sehr starkes Motiv für meine Arbeit«, sagt Hipp.

Und das gilt durchaus auch im übertragenen Sinn. Als gläubiger Katholik fühlt sich Claus Hipp verantwortlich für die Schöpfung. Umwelt- und Naturschutz sind für ihn eine innere Verpflichtung. »Bei allen Entscheidungen müssen wir auch an die nächste Generation denken«, heißt einer seiner Grundsätze. Die Verantwortung für die Natur hat er schon von seiner Mutter gelernt. »Sie hat mich so erzogen, dass man nicht nur auf Tiere, sondern auch auf Pflanzen Rücksicht nehmen muss. Ich durfte nie eine Pflanze ohne Bedacht ausreißen oder einfach umtreten. In den Augen meiner Mutter waren das alles Geschöpfe, die wiederum einen Sinn hatten. Genauso unmöglich war es, eine Fliege totzuschlagen oder ein Tier zu quälen. Sie hat mir als Kind schon vorgemacht, wie weh das tut, wenn wir einer Pflanze Schmerzen zufügten: ›Das ist, wie wenn ich dir jetzt an den Haaren zieh!‹«[3]

Umweltschutz und Qualitätsprodukte, das garantiert Claus Hipp seiner Kundschaft persönlich. »Dafür stehe ich mit meinem Namen«, verspricht der Firmenchef in der Fernsehwerbung. Dahinter allerdings steht eine andere Erfolgskomponente zurück, auf die viele deutsche Marktführer setzten: die Innovationskraft. Hipp ist eben nicht hip. Er reitet nicht auf Modewellen, setzt nicht auf die neuen Trends in der Ernährungsbranche.

Vertrauen und Kontrollen

Wenn der freundliche Mann im dunklen Anzug vor einer idyllischen Kulisse aus blühenden Apfelbäumen in die Fernsehkamera lächelt, bringt er den Menschen ein Stück der guten alten Zeit zurück. Auf dem Holztisch vor ihm türmen sich knackige Möhren mit saftigem Grün. Die Kamera schwenkt über frischen Fenchel, Mais und Blumenkohl. Was hier verkauft wird, ist eine schöne Erinnerung, keine neue Welt. Genau damit ist er paradoxerweise zum Trendführer geworden. Denn speziell Mütter und Väter von kleinen Kindern kaufen extrem konservativ. Zwischen immer neuen Lebensmittelskandalen und beunruhigenden Berichten über Genfood setzen sie auf Altbewährtes. »Wir machen Produkte für die ängstliche Mutter«, sagt Claus Hipp. Dort liegen auch die Wurzeln des Familiengeschäfts: Maria Hipp, die Großmutter von Claus Hipp, gebar 1898 Zwillinge, die sie aber nicht stillen konnte, eine lebensbedrohliche Situation für die Kinder. Der Vater, Konditormeister Joseph Hipp, zermahlte Zwieback und mischte das Pulver mit Milch. Die Idee war ein voller Erfolg, nicht nur bei seinen eigenen Kindern. Der Mahlstein, mit dem der Großvater einst die ersten Breie zubereitete, steht heute im Foyer der Firma in Pfaffenhofen.

Ganz ohne Neuerungen geht es freilich auch bei Hipp nicht. Das Unternehmen investiert seit Jahren in das Thema Allergievermeidung. Längst sind glutenfreies Milchpulver und Grießbrei im Programm. Und auch probiotische Fruchtsäfte, die die Verdauung anregen, finden sich in den Regalen. Im Jahr 2006 wagte Hipp mit der Marke »Hipp Babysanft« zudem den Sprung in das Segment Babypflege. Auch hier steht der Unternehmer selbst als Werbefigur wieder in der ersten Reihe und verspricht Qualität: »Das Beste aus der Natur.«

Da ist es nur konsequent, dass Hipp bei der Kontrolle sämtlicher Inhaltsstoffe für seine Produkte auf dem neuesten Stand der Technik ist. Darauf ging übrigens auch der einzige größere Skandal zurück, der ungerechterweise mit dem Namen Hipp verbunden wurde. In den eigenen Labortests zur Qualitätssicherung entdeckte das Unternehmen im Jahr 2002 giftiges Nitrofen in einer Lieferung Öko-Putenfleisch. Hipp unterrichtete umgehend seinen Lieferanten und den Öko-Erzeugerverband. Das Fleisch wurde sofort gesperrt, nichts davon gelangte in die eigene Produktion. In den Nachrichten klang es zunächst dennoch so, als habe Hipp den Schadstoffskandal selbst verursacht. Dabei kontrolliert kaum ein anderer deutscher Lebensmittelhersteller seine Rohstoffe so genau wie Hipp. Auf rund 800 Schadstoffe wird standardmäßig untersucht, darunter eben auch das Pflanzenschutzmittel Nitrofen. Bei Tests von Rindfleisch auf die Rinderseuche BSE gehörte Hipp ebenfalls zu den Vorreitern.

Absage an Investoren

Auch hier ist es die innere Überzeugung, die Hipp leitet, nicht der alleinige Blick auf Kosten und Gewinne. Hipp will Erfolg haben, das schon, aber längst nicht um jeden Preis. Schon viele Private-Equity-Fonds haben an seine Tür geklopft und wollten sich beteiligen. Aber Hipp blieb standhaft:»Wir wollen keine fremden Anteilseigner. Denn die würden im Zweifelsfall die Rendite auf Kosten der Qualität steigern.«[4] Dann, so fürchtet der Patriarch, müsste er von so manchem seiner Grundsätze abrücken. Dass sein Unternehmen beim Umweltschutz immer mehr tut als offiziell von den Behörden verlangt wird zum Beispiel. Und, dass christliche Verantwortung das Handeln bestimmt – gegenüber Mitarbeitern, Lieferanten, Kunden aber auch Konkurrenten.

Hipp hält sich deshalb auch zurück mit Kritik an seinen großen Mitbewerbern. Über die Nummer zwei und drei auf dem deutschen Markt, die zum Nestlé-Konzern gehörenden Marken Alte und Milupa unter dem Dach des holländischen Numico-Konzerns, äußert er sich aus Prinzip nicht negativ. Hipp ist genauer bei den Kontrollen, hat strengere Umweltstandards, hebt das in Interviews aber nicht besonders hervor.

Zwar sind Hipps Gläschen deutlich teurer als die von der Konkurrenz. Dennoch ist er in den vergangenen 15 Jahren an beiden Großkonzernen vorbeigezogen. In Deutschland und Österreich ist Hipp bei der Gläschenkost die klare Nummer eins. Im gesamten Biosegment ist die Firma heute der größte Hersteller von Babynahrung weltweit.[5]

Auch im Jahr 2008 wuchs der Umsatz des Unternehmens trotz eines stagnierenden Marktes und sinkender Geburtenraten weiter, von 400 auf rund 410 Millionen Euro. Und auch im Ausland expandiert das Unternehmen weiter kräftig. Schon heute kommen 30 Prozent des Umsatzes aus dem Ausland. Nicht immer lief im Hause Hipp alles so glatt. Im Jahr 1993 verbannte der Drogeriediscounter Schlecker die teure Öko-Babykost für zwei Jahre aus seinen Regalen. Der Marktanteil fiel vorübergehend auf 40 Prozent, der Umsatz brach um 20 Prozent ein. Der Fertigungsbetrieb in Pfaffenhofen wurde automatisiert, und die Belegschaft musste schrumpfen: von 1.300 auf knapp 800 Beschäftigte Mitte der Neunzigerjahre. Das bewältigte Hipp jedoch ohne betriebsbedingte Kündigungen und im Einvernehmen mit den Mitarbeitern.

Die verbliebenen Beschäftigten lassen bis heute nichts auf ihren Chef kommen. Hipp gilt als Vorzeigearbeitgeber in und um Pfaffenhofen. Mit persönlicher Glaubwürdigkeit, Fleiß und Pflichtgefühl bringt er die Menschen hinter sich. Das gelang ihm von Anfang an. 29 Jahre war er alt, seit drei Jahren selbst im Unternehmen tätig, als sein Vater an einem Herzinfarkt starb.

Als ob er es geahnt hätte, hatte der 62-Jährige mit dem Sohn am Tag vor seinem Tod noch übers Sterben gesprochen. »Es kann mal sehr schnell gehen, ich möchte eigentlich 90 Jahre alt werden, aber man weiß ja nicht ...« Er zeigte ihm die Schublade mit dem vorbereiteten Abschiedsbrief an seine Mitarbeiter – für alle Fälle. Er sagte, nach der Beerdigung sollten alle zum Essen eingeladen werden, damit sie gut versorgt seien. »24 Stunden später war er tot«, erinnert sich Sohn Claus. »Und als ich daraufhin den Firmenmitarbeitern die Abschiedsworte meines Vaters vorgelesen habe, waren alle völlig verstört, viele haben geweint wie kleine Kinder.« Mit zittriger Stimme zwar, aber mit trockenen Augen habe er das geschafft.»Und damit war die Rangfolge geklärt. Von Anfang an hatte ich weder Kompetenzprobleme noch persönliche Durchsetzungsschwierigkeiten.«[6]

Mittagstisch mit Mitarbeitern

Die hat er bis heute nicht. Und das liegt sicher auch daran, dass sich Hipp als Unternehmer vom alten Schlag stets selbst als Vorbild sieht. Trotz seines Alters, immerhin ist er inzwischen über 70, und großer Erfolge lehnte er sich nie zurück, schlüpfte nicht in die Rolle des Frühstücksdirektors. Claus Hipp ist präsent in seiner Firma, Tag für Tag. Früher kam er mit drei bis vier Stunden Schlaf aus, stand jeden Morgen spätestens um 4.30 Uhr auf, war vor Beginn der Frühschicht in der Firma.»Jetzt schlafe ich länger – schon so bis sechs Uhr«, gesteht der Unternehmer. Noch immer schließt er vor der Arbeit die kleine Wallfahrtskirche in Herrenrast auf und betet dort. Zwischen sieben und acht sitzt er dann am Schreibtisch in seinem Büro. Zu Mittag isst Hipp gemeinsam mit seinen Mitarbeitern im Betriebsrestaurant, darauf legt er Wert.»Mal sitze ich bei den Lehrlingen, mal bei der Produktion, mal beim Vertrieb.«[7] So bekommt Hipp unmittelbar mit, wo es im Betrieb knirscht.

Am späten Nachmittag dann lässt sich der Unternehmer von einem anderen seiner Grundsätze leiten:»Der Mensch lebt nicht vom Brot allein. Wir brauchen einen Ausgleich zur Pflicht. Wer nicht genießen kann, hat nichts verstanden.« Dann fährt Hipp in sein Atelier. Das hat er sich in einem alten Forsthaus eingerichtet, etwa zehn Autominuten von der Fabrik. Wer ihn hier besucht, der taucht ein in eine bereits vergangene Zeit.

Unter einem Vordach sind Holzscheite gestapelt, hinter dem Gartenzaun grasen ein paar Ziegen. Durch einen kleinen Vorraum betritt man Hipps Refugium. Es duftet nach Bienenwachs, der Unternehmer ist auch Kerzenzieher. Durch die kleinen Fenster dringt nur wenig Licht ins holzvertäfelte Innere. Die Räume sind vollgestopft mit Hunderten von Tuben und Pinseln, mit Leinwänden und Staffeleien mit fertigen und unfertigen Werken.

Hipp malt in großen Flächen, in Abstufungen von Grau und Braun, dazwischen leuchtende Akzente aus Gelb, Blau und Rot. Die Bilder von Nikolaus Hipp, so nennt er sich als Maler, sind abstrakt, haben nichts Gegenständliches. Sie sollen die Gedanken nicht einfangen, sondern ihnen freien Lauf lassen. »Wenn ich einen röhrenden Hirsch in der Abendsonne male, dann röhrt der immer, ob es jetzt Abend oder Mittag oder Morgen ist, aber vielleicht ist dem Betrachter gar nicht so nach Abendstimmung zumute, und was soll er mit so einem Bild dann anfangen?«, erklärt Hipp. Seit 2001 hat er eine Professur für nicht gegenständliche Malerei in der staatlichen Kunstakademie von Tiflis inne.

Hipps Kunst ist inzwischen in Museen und Galerien in ganz Europa zu sehen. Den Erlös spendet er jungen Künstlern. Eines seiner Werke, eines der wenigen mit Titel, hängt seit Sommer 2007 im riesigen Atrium des Hauses der Deutschen Wirtschaft in Berlin. Es heißt »Ehrbares Kaufmannstum«, misst 8,40 mal 5 Meter und hat eine goldene Kreisfläche im Zentrum. »Blickt nach oben, nicht nach unten«, ist darin zu lesen. Dieser Satz soll die Unternehmer und Lobbyisten, die daran vorbeigehen, stets daran erinnern, dass der oberste Maßstab für den ehrbaren Kaufmann nicht die Menge des Geldes, sondern der verantwortliche Umgang damit ist.

Disziplin und Demut

Hipp malt so, wie er arbeitet: mit Disziplin und Demut, Tag für Tag. Disziplin und Demut, diese beiden Eigenschaften haben auch seinen Erfolg als Unternehmer bestimmt. Begabungen hatte er viele. Als junger Mann wollte er Schauspieler werden, doubelte Curd Jürgens und drehte als Stuntman einen Film mit Lilo Pulver. Er liebte die Kunst und die Musik, spielt bis heute Oboe und Englischhorn im Orchester. Doch Claus Hipp entschied sich gegen das Abenteuer und für die Verantwortung. Er habe gesehen, dass das Unternehmen die Mittel aufgebracht habe, um ihm das Abitur zu ermöglichen, dass dort sein Platz sei, sagte er später. Er studierte pflichtbewusst Jura und trat parallel zur Promotion ins Familiengeschäft ein.

Das Unternehmen führt er bis heute wie das Oberhaupt einer großen Familie – beinahe väterlich. Zur Weihnachtsfeier sind jedes Jahr auch die Pensionäre eingeladen. Im Betriebsrestaurant sind sie jeden Tag willkommen und essen weiter zum günstigen Mitarbeiterpreis. Ebenfalls vergünstigt können Mütter, die halbtags arbeiten, dort das Mittagessen für die ganze Familie mitnehmen.»So verlieren sie keine Zeit mehr mit Einkaufen und Kochen.« Die Bilder von Claus Hipp können seine Mitarbeiter zu Sonderkonditionen kaufen. Hipp berechnet dazu seine geleisteten Malstunden mit dem individuellen Stundenlohn des Mitarbeiters. Arbeit ist Arbeit, Pflicht ist Pflicht, findet er – ob für den Künstler im Atelier oder den Pförtner in seiner Loge.

Vor dem, der seine Pflicht tut, hat der Unternehmer Respekt. Das gilt auch für den Fotografen, der kommt, um ihn abzulichten. Als der am alten Forsthaus eintrifft und Fotos von Hipp und seinem Mercedes Biodiesel schießen will, regnet es Bindfäden.»Kein Problem«, findet Hipp. Dass gute Bilder Tageslicht brauchen, sieht der Maler sofort ein. Geduldig sitzt er also mit offenem Schiebedach und heruntergekurbelten Fenstern im strömenden Regen. Freundlich lächelnd schaut er mal hier, mal dort hin, wie ihn der Fotograf bittet.»Ich bin wetterfest«, sagt er noch, als sich auf dem Beifahrersitz seines alten Kombis schon eine kleine Pfütze gebildet hat. Pflicht ist Pflicht, Geschäft ist Geschäft. Da müssen persönliche Befindlichkeiten schon mal zurückstehen.

Der Gemütliche – Karl-Rudolf Mankel (Dorma Türen)

Karl-Rudolf Mankel könnte jetzt auftrumpfen. Er könnte den Ball aufnehmen, den Ulrich Wickert ihm zugespielt hat. Allein der Blick ins Publikum auf dieser Feier zum 100. Jubiläum zeige doch, wie anerkannt Dorma sei. Das »r« von Dorma hat der einstige Mr. Tagesthemen in Wickert-Manier betont. Sehr würdevoll und bedeutend klang das. Nun hält Ulrich Wickert Herrn Mankel, dem Eigentümer, das Mikrofon hin. Der könnte jetzt schwärmen von der grandiosen Entwicklung seiner Firma. Davon, dass sich der Umsatz unter seiner Ägide fast verzwanzigfacht hat, dass sich Dorma in den vergangenen 25 Jahren gemausert hat vom kleinen Spezialbetrieb zum Weltmarktführer von Türschließtechnik, Raumtrennungen und Glasbeschlägen mit eigenen Gesellschaften in 46 Ländern. Er könnte erzählen, dass er Türen fürs Kanzleramt geliefert hat, fürs Weiße Haus in Washington oder das Luxushotel Burj al Arab in Dubai. Und er könnte betonen, dass ein Bundespräsident a.D. und die amtierende Wirtschaftsministerin Nordrhein-Westfalens heute unter seinen Gästen sind und dass die Bundeskanzlerin ein persönliches Videogrußwort geschickt hat.

Karl-Rudolf Mankel tut nichts von alledem. Er reicht das Lob weiter. »Die Gründer, mein Vater und Großvater, die haben die härteste Arbeit gemacht«, sagt der weißhaarige Mann mit sauerländischem Akzent freundlich lächelnd. »Die Zeiten waren viel besser, viel einfacher für mich.« Und dann dankt er den Mitarbeitern – »der gesamten Dorma-Mannschaft«. Die will er auf dem Jubiläumsfest im Sommer 2008 feiern. Jeder Angestellte darf fünf Verwandte und Freunde aufs Werksgelände in Ennepetal mitbringen. Es gibt Hüpfburgen und Malwettbewerbe für die Kinder, Currywurst und Reisgerichte aus dem Wok, Bands und chinesische Drachentänze und eine Live-Schaltung zu den Dorma-Festen in Australien und Singapur. Eine »Party der Extraklasse«, wird die Lokalpresse später schreiben. Das Auftrumpfen überlässt Karl-Rudolf Mankel anderen.

Szenenwechsel. Karl-Rudolf Mankel sitzt am Besprechungstisch in seinem hellen Büro im 7. Stock des Dorma-Turms bei Ennepetal. Durch die gläserne Fassade, zusammengehalten von Dorma-Beschlägen, schweift der Blick über die verschneiten Hügel des Sauerlandes. Über Mankels Schulter schaut entschlossen der Großvater – festgehalten in Öl auf Leinwand. Es ist ein kantiges Porträt des Firmengründers, Wangenknochen und Kinn werfen markante Schatten. Ich packe die Dinge an, sagt der strenge Blick.

Enkel Karl-Rudolf Mankel hat weichere Züge. Er wirkt gar nicht entschlossen, als das Gespräch auf möglichen Personalabbau in der Finanzkrise kommt. Dass lang gediente Mitarbeiter gehen müssten, sei nun wirklich nicht zu hoffen, sagt er und schaut hilfesuchend nach rechts. Dort sitzt der derzeit wichtigste Mann in seinem Unternehmen: Michael Schädlich. Der promovierte Physiker ist seit 1996 Geschäftsführer von Dorma, und er will in diesem Augenblick nicht beschwichtigen. Dass man Personal abbauen müsse, sei relativ sicher, sagt er knapp. Die Frage sei nur, wie sozial verträglich das gehe.

Starker Profi von außen

Dass es einen Michael Schädlich gibt, und dass der so entschlossen auftritt, das zeichnet den Firmeneigner Mankel aus. Er hat sich an die Tradition seines Vaters und Großvaters gehalten und einen Geschäftsführer von außen eingestellt. Karl-Rudolf Mankel hat zwar Betriebswirtschaft studiert, damals in den Sechzigern. Aber er hat sich nicht eingebildet, er könne allein alles besser machen. Er hat

sich auf einen externen Profi verlassen und so höchstwahrschein-
lich den großen Erfolg seines Unternehmens erst möglich gemacht.
Freundlich und ohne Umschweife berichtet Karl-Rudolf Mankel
von seiner Selbsterkenntnis. Gleich nach dem Studium, mit 28 Jahren, trat er ins Unternehmen ein. Zehn Jahre später übernahm er
ein Amt in der Geschäftsführung und hatte gemerkt:»Es gibt welche, die es besser können als ich.« Denn:»Ein knallharter Manager
bin ich von Hause aus nicht.« Also stand sein Entschluss fest, weiter
mit Profis von außen zu arbeiten und denen möglichst freie Hand
zu lassen. Der Grund:»Viele Köche verderben den Brei.«
   Von 1986 bis 1995 stand ein Diplomkaufmann an der Spitze des
Unternehmens. Im Jahr 1994 fand Karl-Rudolf Mankel Herrn Schädlich. Gleich im ersten Interview habe er gewusst:»Der ist es.« Michael Schädlich begann als Leiter Marketing und Vertrieb und rückte
zwei Jahre später zum Geschäftsführer auf. Der neue Chef ist ein
Macher mit Struktur. Er gliederte zunächst das Unternehmen neu,
schaffte fünf Geschäftsbereiche für je 13 Weltregionen. Und er ging
auf Einkaufstour. 25 Unternehmen übernahm Dorma in den zehn
Jahren zwischen 1999 und 2008.
   Das Wachstum erfolgte in verdaulichen Häppchen.»Ich bin sehr
konservativ«, sagt Schädlich und liegt da ganz auf einer Linie mit
Eigentümer Mankel. Die beiden duzen sich inzwischen, sprechen
im Unternehmen mit einer Stimme. Die Vorworte zum Geschäftsbericht, die freundlichen Sätze zum 100-jährigen Jubiläum, sie sind
immer von beiden unterzeichnet.
   Mankel und Schädlich sind sich einig: Niemals hätten sie eine
Firma übernehmen wollen, die um ein Vielfaches größer ist als ihre
eigene. Nein, so etwas wie mit Frau Schaeffler und ihrem Geschäftsführer Jürgen Geißinger, die das DAX-Schwergewicht Conti kauften,
wäre für sie tabu gewesen. Da müsse man sich doch fragen, wer der
Schwanz sei und wer der Hund, findet Schädlich.
   Das Wachstum unter seiner Führung ist dennoch beeindruckend.
Von 1994/1995 bis zum Geschäftsjahr 2007/2008 hat sich der Umsatz auf knapp 900 Millionen Euro verdreifacht. Die Zahl der Mitar-

beiter weltweit ist im gleichen Zeitraum von 3 000 auf knapp 7 000 Menschen gestiegen. 2 500 davon arbeiten noch in Deutschland, obwohl hier nur noch weniger als ein Viertel des Umsatzes erzielt wird.

Weltmarktführer mit altbackener Finanzierung

Lang ist die Liste der Prestigeprojekte rund um die Welt, an denen Dorma mitgewirkt hat. Stararchitekten wie Renzo Piano und Lord Norman Foster schwören auf die filigranen Halterungen für Glasfassaden oder die gläsernen Schiebe- und Schwingtüren mit den minimalistischen Edelstahlbeschlägen. Aus dem Hause Dorma kommen funktionale Türdrücker aus Edelstahl, Falttüren für Shoppingcenter, schalldichte Automatiktrennwände für Hotels, Sicherheitstüren oder automatische Schließsysteme, viele davon ausgezeichnet mit internationalen Designpreisen. Dorma-Produkte finden sich in den Flughäfen Düsseldorf, München oder Paris, in Luxushotels von Singapur bis Las Vegas, im Fußballstadion von Manchester, im Berliner Reichstag und in Putins Datsche. Die neuste Technik mit schickem Design aus Deutschland ist hoch gefragt. Dorma ist gleich vierfacher Weltmarktführer: bei Raumtrennsystemen, Türschließtechnik, automatischen Türsystemen und bei Glasbeschlägen.

Diesen Siegeszug um die Welt hat die deutsche Firma mit geradezu altbackener Finanzierung angetreten. Im Juni 2008 lag die Eigenkapitalquote bei sagenhaften 59 Prozent. Zwar hatte Geschäftsführer Schädlich das Unternehmen von der Struktur her fit für die Börse gemacht, war den Schritt aber nicht gegangen. Damals mögen noch manche über den hohen Anteil an eigenem Geld gelächelt haben. In Zeiten der Finanzkrise allerdings erweist er sich als komfortables Polster. Er macht unabhängig von Banken und Börsenkursen und ermöglicht vielleicht sogar interessante neue Zukäufe. »Wir bieten uns gern als weißer Ritter für Unternehmen an, die von der Krise gebeutelt sind«, sagt Geschäftsführer Schädlich augenzwinkernd.

Auch er muss allerdings der Krise trotzen. Noch im Herbst 2008 hat er die einzelnen Geschäftsbereiche und Ländergesellschaften angewiesen, Notfallpläne zu erstellen. Was ist zu tun, falls der Umsatz im kommenden Jahr um 5, um 10 oder gar um 15 Prozent einbricht? Ob es Entlassungen geben muss? Das wird die Zukunft zeigen. Zeitarbeiter und Arbeitszeitkonten sind ein erster Puffer. Eigentümer Mankel hofft, dass er dem alten Grundsatz treu bleiben kann, sozial verträgliche Lösungen zu finden. Das ist dem Firmeneigner – von den Anfängen der Globalisierung bis heute – bisher immer gelungen.

Zum Beispiel Anfang der Siebzigerjahre. Damals verlagerten Dorma-Kunden wie Telefunken und Grundig Teile ihrer Produktion nach Asien. Dorma verlor »quasi über Nacht« rund 20 Millionen Mark an Umsatz und musste einen Bereich mit rund 30 Mitarbeitern schließen. »Aber statt die zu entlassen, haben wir sie im Betrieb auf andere Abteilungen verteilt«, erinnert sich Mankel.

Teure Heimatliebe

Auch im Jahr 2005 gelang ein Kraftakt ohne betriebsbedingte Kündigungen. Durch eine Verlagerung der Produktion von Ennepetal nach Singapur, so ergab die interne Kalkulation, ließen sich jährlich rund 13 Millionen Euro einsparen. Karl-Rudolf Mankel entschied sich dennoch dagegen. Michael Schädlich und er verhandelten mit dem Betriebsrat stattdessen einen Pakt zur Standortsicherung. Sie vereinbarten neue Schichtmodelle und flexiblere Arbeitszeiten. Innerhalb von vier Jahren mussten 162 der über 1200 Mitarbeiter in der Zentrale gehen – sozial verträglich, durch Altersteilzeit und natürliche Fluktuation. Im Gegenzug investierte Mankel 10 Millionen Euro in das Werk vor Ort und in den Aufbau eines Logistikzentrums in Wuppertal. Unterm Strich allerdings zahlt er dennoch drauf. Pro Jahr ist die Produktion in der Heimat etwa 5 Millionen Euro teurer, als sie in Singapur gewesen wäre.

»Das ist mein Beitrag zur Sicherung des Standorts Deutschland«, sagt Karl-Rudolf Mankel. »So etwas kann sich nur ein Familienunternehmen leisten«, sagt sein Geschäftsführer. »Ginge es streng nach Rendite und Analysteneinschätzungen, wären Teile des Werks in Ennepetal längst geschlossen.«

Davor allerdings wird immer der Eigentümer stehen. »Historie ist nicht verlagerbar«, findet er. Vor über 100 Jahren gründete sein Großvater zusammen mit dessen Schwager das Unternehmen. Bänder, an denen Pendeltüren schwingen, sowie gefräste Schrauben waren die ersten Produkte. Noch gut erinnert sich Karl-Rudolf Mankel, wie er als kleiner Junge an der Hand seines Großvaters durch den Betrieb spazierte. »Alle schienen ihn sehr zu mögen.« Kein Wunder, findet der Enkel. Nach dem Krieg organisierte der Großvater Kohl und Kartoffeln für seine Belegschaft – und ermöglichte ihnen im Sommer 1949 die erste Urlaubsreise. Mit einem alten Firmenlaster ging es auf einen Hof im Sauerland. »Das war damals etwas ganz Besonderes.« Außergewöhnlich waren auch die Sozialleistungen bei Dorma. Schon seit 1952 zahlt das Unternehmen Urlaubsgeld und eine Betriebsrente.

Bis heute ist Dorma bei den Mitarbeitern ungewöhnlich beliebt. Von einem Expertenteam wurde das Unternehmen 2008 unter die zehn besten Arbeitgeber im Mittelstand gewählt.[1] Bei Dorma würden der Nachwuchs und ältere Arbeitnehmer gleichermaßen gefördert, heißt es zur Begründung. Es gibt regelmäßige Gespräche über die Leistung der Mitarbeiter, die auch die Möglichkeit haben, die Leistungen ihrer Vorgesetzten zu beurteilen. Neue Führungskräfte rekrutiert Dorma bevorzugt aus den eigenen Reihen. Dabei haben, was die Juroren besonders lobenswert finden, Beschäftigte über 50 die gleichen Chancen wie ihre jüngeren Kollegen. Gute Ideen werden extra honoriert. Vorschläge zur Verbesserung von Abläufen oder Produkten können Vorgesetzte mit bis zu 250 Euro vergüten oder an eine betriebsinterne Gutachterkommission weiterreichen, die 30 Prozent der jährlichen Einsparsumme zusprechen kann.

Besondere Fürsorge für die Beschäftigten übernimmt Dorma schon seit Jahrzehnten in persönlichen Härtefällen. Der Betriebsrat verwaltet eine Sozialkasse, die sich aus Beiträgen aller Mitarbeiter speist und Einzelnen zum Beispiel bei einem Unfall in der Familie unter die Arme greift.

Treue Fachkräfte

Kein Wunder, dass die Beschäftigten dem Betrieb lange treu bleiben. Umfragen zufolge können sich über 90 Prozent aller Mitarbeiter vorstellen, bis zur Rente bei Dorma zu bleiben. Das ist ein Spitzenwohlfühlwert, der sich für die Firma auszahlt. Trotz wachsender Knappheit auf dem Markt fehlen Dorma bis heute keine Fachkräfte. Das liegt erstens daran, dass das Unternehmen einen Großteil der benötigten Mitarbeiter selbst ausbildet. Und zweitens bleiben die qualifizierten Kräfte auch lange im Unternehmen. Die durchschnittliche Betriebszugehörigkeit bei Dorma Deutschland beträgt beachtliche 13 Jahre. Darauf ist Personalchef Michael Ecker besonders stolz. Im rauen Wettbewerb um die besten Arbeitskräfte bleibe den Unternehmen künftig gar keine andere Wahl, als Mitarbeiter langfristig an sich zu binden. Kleine und mittlere Unternehmen »mit familiären Werten«, davon ist Ecker überzeugt, haben da besonders gute Chancen.

Inhaber Karl-Rudolf Mankel beschwört denn auch mitten im rasenden Wachstum das Gemeinschaftsgefühl – ein Gefühl, das trägt durch gute und durch schlechte Zeiten. Er hat seine Mitarbeiter nicht enttäuscht, wenn es schwierig wurde. So sieht er das. Er hat niemanden auf die Straße geschickt, immer noch eine verträgliche Lösung gefunden. Dafür konnte er sich auf die Belegschaft verlassen, wenn der Laden brummte. So wie im Winter 2006/2007, als die Weihnachtsferien im Stammwerk ausfallen mussten. Hunderte traten zwischen den Jahren zu Sonderschichten an. Fast alle waren klaglos dabei, kaum einer flüchtete sich in die Grippewelle.

Zwar hat die Globalisierung auch Dorma längst fest im Griff. Es gibt Werke in Deutschland, Österreich, der Schweiz, Belgien, Frankreich, Großbritannien, Bulgarien, Südafrika, den USA, Brasilien, Singapur, China, Dubai, Malaysia und Australien. Dennoch mag es der

Eigentümer gemütlich. Jeden Sommer lädt er die 1100 Mitarbeiter des Stammhauses zum Grillfest. Karl-Rudolf Mankel, Michael Schädlich und ihre Kollegen aus der Geschäftsführung wenden Koteletts und Würstchen selbst. Und jedes Jahr in der Weihnachtszeit, kurz vor dem großen Auftritt des Dorma-Chors, gehen er und Michael Schädlich durch die Werkshallen und wünschen so vielen Arbeitern wie möglich persönlich ein frohes Fest.

Manche von ihnen kennt Karl-Rudolf Mankel noch aus alten Zeiten. Manche duzt er, weil er mit ihnen gemeinsam zur Schule gegangen ist. Mankel ist Inhaber eines Unternehmens, das Märkte in aller Welt beherrscht. Doch er hat seine Wurzeln nicht vergessen. Wie sollte er auch?

Von seinem Schreibtisch im 7. Stockwerk des Dorma-Turms schaut er auf sein Elternhaus herab. Wie ein Gruß aus fernen Zeiten steht dort, von modernen Glasanbauten bedrängt, die alte Villa Mankel. Bewohnt ist sie schon lange nicht mehr. Im Erdgeschoss sind heute Dormas neueste Schwenk-, Falt- und Schiebetüren ausgestellt. Angedockt ist ein Saal für Vorträge und Veranstaltungen. Der Platz ist knapp geworden auf dem Werksgelände.

Karl-Rudolf Mankels neues Haus steht nur einige Hundert Meter weiter in den bewaldeten Hügeln. Fünf Fußminuten entfernt ist seine Firma. Die Firma und der Ort Ennepetal, sie sind fest verwoben. Etwa 33 000 Menschen leben hier. 1100 arbeiten bei Dorma. Nimmt man ihre Familien hinzu, wird rund 10 Prozent der Bevölkerung von Dorma geprägt, schätzt der Inhaber. Kündigungen, Werksschließungen gar würden ihn persönlich treffen, in seinem Stolz und in seinem engsten, heilen Umfeld. »Ich will schließlich noch aufrecht durch den Ort gehen können«, hat er einmal gesagt. Was die Menschen in seiner Heimat von ihm denken, das ist wichtig für Karl-Rudolf Mankel.

Schon allein weil es die Leute erwarten, muss sich die Familie auch sozial engagieren. Das taten die Mankels bisher in überschaubarem Rahmen, spendeten für Kinder in Not oder für eine neue Kirchentür. Seit dem vergangenen Jahr sollen die Wohltaten System

bekommen. Zum 100. Firmenjubiläum gründete die Unternehmerfamilie die nach dem Großvater benannte Rudolf-Mankel-Stiftung.
Das Startkapital ist im Verhältnis zur Größe des Unternehmens mit
1 Million Euro relativ bescheiden. Die Töchter des heutigen Firmen-
eigners, Christine und Stephanie, sollen über den Einsatz des Geldes
mitentscheiden. »So können sie langsam an die Aufgaben herange-
führt werden«, findet der Vater. Beide Töchter studieren Betriebswirtschaft an der privaten European Business School in Oestrich-
Winkel. Und beide interessieren sich auch für die Firma. Es sieht
also ganz danach aus, als könne Karl-Rudolf Mankel, der Ende 60 ist,
sein Unternehmen bald an die vierte Generation übergeben. Eines
aber hofft der Firmeneigner sehr: Dass sich auch seine Töchter an
den guten alten Brauch der Familie halten, Profis von außen ins Management zu holen.

Das ungleiche Paar – Markus Miele und Reinhard Zinkann (Miele Haushaltsgeräte)

Markus Miele mag gesundes Essen aus dem Dampfgarer. Reinhard Zinkann bevorzugt die gehobene italienische Küche. Markus Miele ist in Gütersloh geboren, aufgewachsen und zur Schule gegangen. Reinhard Zinkann wechselte mit neun Jahren auf das Elite-Internat Salem. Markus Miele hat nichts dagegen, wenn man ihn bodenständig nennt. Reinhard Zinkann legt Wert auf seine intellektuelle Prägung, liebt Zitate von Goethes *Faust* bis Cicero. Die beiden Herren, die das Unternehmen aneinander bindet, könnten unterschiedlicher kaum sein.

»Ich bin das diskrete Cie.« Wenn Reinhard Zinkann das sagt, klingt es ein wenig kokett. »Diskret« ist tatsächlich nicht das beste Wort, um ihn zu beschreiben, das weiß er wohl selbst. Reinhard Zinkann ist Vertriebsmann, hat in Freiburg, Berlin und Harvard Betriebswirtschaft, Geschichte, Musik und Philosophie studiert, in Berlin promoviert. Er lächelt selbstbewusst, redet gern und laut. Er wollte mal Marineoffizier oder Geschichtsprofessor werden, entschied sich dann aber doch für das Familiengeschäft. In vierter Generation vertritt er den Familienstamm der Zinkanns. Sie sind das »Cie.« in der Firmenbezeichnung Miele & Cie. KG und halten seit jeher 49 Prozent an der Firma.

Markus Miele steht für die restlichen 51 Prozent. Er ist Wirtschaftsingenieur. Er plaudert nicht, er gibt präzise Auskunft. Miele ist neun Jahre jünger als sein Partner Zinkann, hat in Karlsruhe studiert, in St. Gallen promoviert und er stapelt gern tief. »Ich bin ein »Gütersloher Gewächs«, sagt er.

Seit 2004 stehen die beiden Männer an der Spitze des Familienunternehmens. Ihre Väter hatten den Übergang von langer Hand
geplant, so wie schon die Großväter und Urgroßväter vor ihnen.
Seit jeher führen immer ein Zinkann und ein Miele die Gesellschaft. Das
war so, als Carl Miele und Reinhard Zinkann 1899 mit elf Mitarbeitern mit der Herstellung von Milchzentrifugen für Bauernhöfe begannen. Und das ist bis heute so, in einem Unternehmen, das
Waschmaschinen, Trockner, Staubsauger, Spülmaschinen, Koch-
herde, Abzugshauben, Backöfen, Kühlschränke, Kaffeeautomaten
und Dampfgarer in alle Welt verkauft und mit 16 000 Mitarbeitern
fast 3 Milliarden Euro umsetzt.

Erfolg trotz Doppelspitze

Dass ein Familienunternehmen überhaupt die vierte Generation
erreicht, ist schon ungewöhnlich genug. Dass es ein Unternehmen
mit obligatorischer Doppelspitze schafft, ist absolut außergewöhnlich. In Dynastien wie Bahlsen reichte schon ein Familienstamm,
um ein Traditionsunternehmen zu sprengen. Bei Miele ziehen seit
mehr als 100 Jahren zwei Chefs, zwei Eigentümerfamilien und inzwischen über 60 Gesellschafter an einem Strang.

Wer sich das Unternehmen und die Unternehmer genauer an-
schaut, findet gleich eine ganze Reihe von Gründen dafür, dass dieses ungewöhnliche Modell funktioniert. Baustein Nummer eins für
das harmonische Miteinander ist eine klare Aufgabenteilung. Wie
schon ihre Väter, Großväter und Urgroßväter, teilen sich auch die
Söhne das Geschäft in zwei Bereiche auf. Der Ingenieur Markus
Miele hat die Technik im Blick. Kaufmann Zinkann schaut auf das
Betriebswirtschaftliche. Bei den Vätern war die Rollenverteilung
noch umgekehrt.

Baustein Nummer zwei ist der unbedingte Wille zur Harmonie.
»Friede ernährt, Unfriede verzehrt«, diese Weisheit hing, gerahmt
und in verschnörkelten Lettern, im Büro des Firmengründers.[1] »Entscheidend ist ein großes Maß an gegenseitiger Toleranz und Ach-

tung«, sagt Unternehmenserbe Reinhard Zinkann. »Man muss sich selbst auch mal zurücknehmen können.« Bei Miele sei jeder immer nur ein Teil des großen Ganzen. Das haben die Väter schon im Gesellschaftervertrag festgehalten. Danach dürfen die Mieles, obwohl sie die Mehrheit der Anteile haben, die Zinkanns nie überstimmen. Festgeschrieben und damit über jeden Streit erhaben ist auch, welcher Anteil des Gewinns in der Firma verbleibt und welcher ausgeschüttet wird. Offizielle Angaben dazu gibt es nicht, die Rede ist aber immer wieder von einem 50 : 50-Schlüssel. Geregelt ist auch die Erbfolge. Firmenanteile dürfen nur an leibliche Nachfahren gehen. Sowohl Adoptivkinder als auch Ehefrauen sind davon ausgeschlossen.

Überhaupt die Ehefrauen. Die sind, ginge es nach den Patriarchen der älteren Generation, möglichst voneinander fernzuhalten. Sonst, so Peter Zinkann, der Vater des aktuellen Chefs, komme es privat nur zu Eifersüchteleien. Ganz so genau hat er diesen Grundsatz aber offenbar selbst nicht genommen. Immerhin ist er Patenonkel von Markus Miele und war schon allein deshalb auf vielen Familienfeiern Gast im Haus der Mieles, natürlich in Begleitung seiner Ehefrau. Das Haus der Mieles steht nur einen Steinwurf von der Villa der Zinkanns entfernt.

Noch einen dritten Baustein gibt es offenbar für die Harmonie in der Führung: gemeinsame Grundüberzeugungen. Bei allen Unterschiedlichkeiten im Auftreten und im Charakter stimmen die Herren an der Spitze in den Grundzügen der Unternehmensführung überein. Sie setzen auf Unabhängigkeit und Wachstum aus eigener Kraft. Die Expansion im In- und Ausland bezahlt das Unternehmen komplett aus eigenen Mitteln. »Das begrenzt zwar unser Wachstum, schützt uns aber auch davor, irgendwelchen Blödsinn zu machen«, sagt Reinhard Zinkann. Sein Vater hat einmal gesagt, er empfinde es als »Luxus, nicht bei den Banken wegen einer Kreditlinie antreten zu müssen. Meine Festgelder nehmen sie wohl immer.«

So lässt das Beben an den Weltfinanzmärkten die Firma Miele relativ unbeeindruckt. Anders als andere, solide finanzierte Familienbetriebe wollen Reinhard Zinkann und Markus Miele die Krise auch nicht für günstige Zukäufe nutzen. Man habe diejenigen Unternehmensteile, die man brauche, erklären sie. Die Miele-Qualität und das Zusammengehörigkeitsgefühl der Miele-Mitarbeiter lasse sich nicht so einfach übertragen.

Frühe Visionen

Das alles klingt beschaulich. Provinziell ist es aber nicht. Schon die Gründer, Carl Miele und Reinhard Zinkann, hatten die Vision einer Weltfirma. »Miele – Die Weltmarke« schrieben sie schon 1900 als Firmenlogo auf eine Weltkugel. Im Jahr 1931, mitten in der Weltwirtschaftskrise, gründeten sie die erste ausländische Miele-Verkaufsgesellschaft in der Schweiz. Viele andere sollten folgen. Heute hat Miele eigene Vertriebs- und Servicegesellschaften in 45 Ländern, die Firma importiert in 120 Staaten.

Nicht nur die internationale Ausrichtung, auch der Qualitätsanspruch geht auf die Firmengründer zurück. »Immer besser« druckten sie im Jahr 1902 auf ihre Holzbottich-Waschmaschine vom Typ »Hera«.[2] Die bestand aus einem Holzfass auf Metallfüßen, unter die ein Schwunghebel montiert war. Mit dem konnte die Hausfrau ein Drehkreuz im Inneren des Fasses antreiben und sich so zumindest das mühsame Rubbeln und Bürsten beim Wäschewaschen ersparen. Über die Jahrzehnte wurden die Maschinen aus dem Hause Miele immer ausgefeilter. Es folgten der Motorantrieb, ein mechanischer Wäschewringer, Plättemaschinen, eine Zentrifuge zum Schleudern der nassen Wäsche und schließlich der Waschvollautomat, der die Vor- und Hauptwäsche und das Schleudern in einem Gerät erledigte, sowie der Wäschetrockner. Mit Miele verlor der kräftezehrende Waschtag für die Hausfrauen über Jahrzehnte Stück für Stück von seiner Plackerei. In einem Soziologielehrbuch, das Gründerenkel Peter Zinkann gern zitiert, findet sich folgender Satz: »Kein Gesetz hat so viel zur Emanzipation der Frau beigetragen wie die Einführung der Waschmaschine.«

»Immer besser« – diese Worte sind Werbung und Ansporn bis heute. Miele platziert sich weltweit als Produkt für Premiumqualität. »BMW, Mercedes, Porsche in the driveway – Miele in the kitchen« heißt ein Werbespruch in den USA. Mehr als 70 Prozent des Umsatzes macht das Unternehmen inzwischen im Ausland. »Wir haben es geschafft, die Werte der Marke in Märkte zu exportieren, in denen uns niemand kannte«, erklärt Reinhard Zinkann. »Ob in den USA, Osteuropa oder Dubai, Miele steht für Status.« Das gilt auch am anderen Ende der Welt. Wer mit dem Flugzeug im australischen Sydney landet, den begrüßt Miele mit einem großen Plakat, das die Aufschrift trägt »Miele – You have arrived«. Der Satz steht im Englischen nicht nur für das Ankommen an einem Ort, sondern auch für gesellschaftlichen Aufstieg.

Gut statt billig

Die Herausforderung für die Unternehmer besteht darin, die hohen Preise für ihre Produkte zu rechtfertigen. »Der Erfolg von Miele hängt davon ab, wie überzeugend wir in Zukunft den Unterschied zwischen gut und billig kommunizieren«, sagt Reinhard Zinkann. Das gilt in Zeiten von »Geiz-ist-geil«-Kampagnen mehr denn je.

Miele ist bis heute teurer als die meisten Konkurrenten auf dem Markt, aber auch besser und langlebiger. Eine Miele-Waschmaschine in der einfachsten Ausführung gibt es der Internet-Preisvergleichs-Maschine Idealo zufolge ab etwa 850 Euro. Einfache Geräte von Bosch oder Siemens kosten die Hälfte. Dafür ist Miele bei der Stiftung Warentest regelmäßig Testsieger: gut zur Wäsche, einfach zu bedienen, niedrig im Verbrauch von Strom und Wasser und langlebig, heißen die Gründe. »Sämtliche Geräte aus unserem Haus sind für eine Lebensdauer von 20 Jahren plus konzipiert«, erklärt Markus Miele. »Wir können nie billig, nur gut.«

Schützenhilfe bekam Miele vor nicht allzu langer Zeit von einem berühmten Kunden: Apple-Gründer Steve Jobs. Der Multimilliardär zeigte sich in einem Interview mit dem US-Technologiemagazin Wi-

red entzückt von der Technik »Made in Germany«.[3] Die Geräte von Miele seien wirklich hervorragend gemacht und gehörten zu den ganz wenigen Produkten, die seine Familie in den letzten Jahren gekauft habe, mit denen sie rundum glücklich sei. »Diese Jungs haben alles gründlich durchdacht«, schwärmte Jobs. »Sie haben bei der Entwicklung von diesen Waschmaschinen und Trocknern eine prima Arbeit gemacht. Ich habe mehr Spaß daran als an irgendeinem Hightech-Teil der letzten Jahre.«

Deutsche Journalisten gruben die Geschichte aus. Miele selbst machte darum nicht viel Aufhebens. Sie schickten dem Fan aus dem Silicon Valley auch keine Grußkarte. »Warum sollten wir?«, fragt Reinhard Zinkann. »Wir sind ein solider Hausgerätehersteller und zufrieden, wenn unsere Kunden zufrieden sind. Ob diese Kunden prominent sind oder nicht, ist nicht wichtig. Hauptsache, unsere Qualität stimmt.«

»Made in Germany«

Bisher hält Miele dieses Qualitätsversprechen vor allem mit der Hilfe von deutschen Fachkräften. Es gibt zwar eine Produktionslinie in Tschechien und eine Gemeinschaftsfabrik mit Melitta in China, doch mehr als 90 Prozent der Miele-Produkte sind bis heute »Made in Germany«. »Die heimische Produktion halten wir nicht aus Nostalgie. Das ist hartes wirtschaftliches Rechnen«, sagt Markus Miele. Einerseits seien von Gütersloh und Umgebung 80 Prozent der Käufer in Europa per LKW binnen 24 Stunden zu erreichen. Andererseits sei Topqualität eben nur mit Topmitarbeitern möglich.

Die Mitarbeiter sind überaus wertvoll für die Firma – und so werden sie auch seit jeher behandelt. Schon die Gründer, der katholische Carl Miele und der evangelische Reinhard Zinkann, waren Patriarchen mit christlichen Werten und fühlten sich verantwortlich für das Wohlergehen ihrer Leute. Sie gründeten bereits im Jahr 1909 eine Betriebskrankenkasse, die ab 1910 auch die Kosten für Arztbesuche und Arzneimittel von Ehefrauen und Kindern der Arbeiter übernahm. Die Kasse zahlte zudem Krankengeld, Sterbegeld und Wöchnerinnenhilfe und war sogar eine Pflegeversicherung, die es im staatlichen deutschen Sozialsystem erst seit 1995 gibt. Musste ein Arbeiter seine Eltern pflegen und für ihren Unterhalt aufkommen, übernahm die Betriebskrankenkasse die Krankenpflege.[4] In den Dreißigerjahren folgte eine betriebliche Pensionskasse für die Altersversorgung der Arbeiter.

»Wir erben eine Verantwortung, kein Vermögen«, wusste schon Kurt Christian Zinkann, der Großvater des heutigen Chefs, als er das Unternehmen in zweiter Generation übernahm. Bis heute sind die Nachkommen diesem Leitspruch treu geblieben. Größere Entlassungswellen gab es in der Geschichte bisher keine. In der Absatzkrise Anfang der Jahrtausendwende hatte man mit dem Betriebsrat zwar einen sozial verträglichen Personalabbau vereinbart. Bevor der aber begann, zog die Konjunktur wieder an. »Wir müssen auch für den nächsten Boom gewappnet sein«, sagt Gründerurenkel Markus Miele deshalb auch in der aktuellen Krise. Er ist stolz darauf, dass es Mitarbeiter gibt, die Miele – so wie er selbst – schon in vierter Generation verbunden sind. In den über 100 Jahren Firmengeschichte gab es bisher rund 9 000 Jubilare, die 25, 40 oder sogar 50 Jahre im Unternehmen gearbeitet haben. Bei Miele in Gütersloh ticken die Uhren eben anders als anderswo.

Es ist Montag, 13.45 Uhr, Schichtwechsel im Waschmaschinenwerk. Alle Ampeln auf dem Werksgelände rund um die Fabrik stehen auf Rot. Lastwagen stellen ihre Motoren ab, auch der Kommunikationschef mit seinem 5er BMW Kombi wartet geduldig. Fünf Minuten lang gehören die Straßen und Bürgersteige auf dem Werksgelände den Arbeitern. In Ruhe, teils mit Kollegen plaudernd, gehen sie in Richtung Werkstor.

An den Bändern hat bereits die nächste Schicht übernommen. Hell und aufgeräumt ist es in der Endmontagehalle. Durch gläserne Giebel im Dach dringt Tageslicht. Es ist erstaunlich ruhig. Bis zu 5 000 Waschmaschinen und Wäschetrockner laufen hier jeden Tag vom Band. Die Arbeiter schrauben Gehäuse zusammen, setzen Motoren und Elektronik ein, prüfen Dichtungen. Ihre Bewegungen sind ruhig und konzentriert. An jeder Station verrichtet ein Arbeiter verschiedene Tätigkeiten. Es gibt Arbeitsplätze im Sitzen und im Stehen. Alle insgesamt 2500 Arbeiter in der Gerätefertigung haben die Möglichkeit, während einer Schicht die Stationen zu wechseln. So sollen die Handgriffe nicht zu monoton werden. Denn dann passieren Fehler. Und davon will sich Miele deutlich weniger leisten als die Konkurrenz. Jedes Gerät wird noch im Werk getestet, bevor es automatisch verpackt und direkt hinter der Werkshalle auf LKW oder in Bahnwaggons verladen wird.

Produktionstag, Produktionslinie, Ergebnisse der Tests, das alles ist auf einem Speicherchip in der Maschine registriert. Der merkt sich auch, wie der Endkunde seine »Miele« nutzt. Wie oft hat er das Wollwaschprogramm gewählt? Wie viel Liter Wasser wurden bisher verbraucht? All das kann der Miele-Kundendienstberater vor Ort mit einem kleinen Computer abrufen, den er in zwei kleine Löcher auf der Bedienleiste der Waschmaschine einstöpselt. So, das ist das Ziel, lassen sich Störungen schnell beheben.

»Nur Miele, Miele, sagte Tante, die alle Waschmaschinen kannte.« Diesen Werbespruch dachten sich die Firmengründer im Jahr 1927 aus. Für Miele-Kunden gilt er bis heute. Die Wiederkaufsrate der Marke Miele liegt bei erstaunlichen 90 Prozent. Wer ein Mal eine Miele hat, entscheidet sich also bei nächster Gelegenheit mit allergrößter Wahrscheinlichkeit wieder für ein Gerät aus Gütersloh.

Wettlauf um Innovationen

Zwar sind sämtliche Produkte immer noch auf eine Lebensdauer von 20 Jahren getestet. Viel häufiger als früher kommen aber Innovationen auf den Markt. Die Hälfte der Geräte, die das Unternehmen verkauft, ist nicht älter als zwei Jahre. So sank der Wasserverbrauch der Waschmaschinen seit 1990 um über 40 Prozent, der Stromverbrauch ging um rund 30 Prozent zurück. Die Taktzahl von technischen Innovationen, vom Wäschetrockner mit Wärmerückgewinnung bis zur Anbindung der Mielegeräte an die Haustechnik mit Bus-System, wird immer kürzer.

Der Ingenieur und Tüftler Peter Zinkann, Chef in dritter Generation, meldete selbst noch über 100 Patente an. »Peter Zinkann war viel, viel tiefer in der Entwicklung drin, als ich das heute bin«, sagt Markus Miele anerkennend. Er sitzt gar nicht mehr selbst am Zeichencomputer. Er sieht seine Aufgabe als Koordinator. 350 Mitarbeiter von Miele sind inzwischen in der Forschung und Entwicklung beschäftigt. 7 Prozent vom Umsatz, rund 150 Millionen Euro im Jahr, fließen in diesen Bereich. 2003 hat Miele ein neues Elektronikentwicklungszentrum in Gütersloh eröffnet, in dem zusätzlich 300 Spezialisten für elektronische Steuerungen arbeiten. »Ich möchte, dass sich Ideen bei uns frei entwickeln können«, sagt Miele.

Ideen für Neuerungen sollen aus sämtlichen Bereichen des Unternehmens kommen. Mitarbeiter im Vertrieb berichten von den Sonderwünschen der Kunden in den verschiedenen Ländern; Kundendienstler informieren über Probleme vor Ort, Arbeiter in der Fabrik schlagen Verbesserungen vor. Das zumindest ist das Ideal der beiden Eigentümer. Sie wünschen sich trotz der wachsenden Größe ein offenes, durchlässiges Unternehmen. Wie zum Beweis dafür sind ihre eigenen Büros gestaltet. Sie liegen im »Aquarium«, wie der erste Stock der Gütersloher Firmenverwaltung intern genannt wird, und sind rundum verglast. Markus Miele und Reinhard Zinkann sitzen in überschaubaren, von allen Seiten einsichtigen Büros, Glaswand an Glaswand mit Olaf Bartsch, Reto Bazzi und Eduard Sailer.

Die drei sind externe Geschäftsführer und unterstützen die Eigentümer in den Bereichen Finanzen und Controlling, Marketing und Vertrieb und Technik. Die Geschäftsleitung wurde in den Neunzigerjahren um familienfremde Manager erweitert, als das Unternehmen auf Märkten rund um die Welt rasant wuchs.

Ganz am Ende des Aquariums liegt das Büro von Reinhard Zinkanns Vater Peter. Der Senior ist über 80 Jahre alt und schaut im Unternehmen noch jeden Tag nach dem Rechten. Auch sein Büro ist gläsern. »Transparenz ist für eine Doppelspitze wie unsere unabdingbar«, hat er einmal gesagt. »Mangelnde Transparenz führt zwischen den Partnern zu Missverständnissen und Misstrauen. Deshalb haben schon unsere Gründer das Prinzip des transparenten Büros eingeführt. Heute gilt es für alle Miele-Niederlassungen weltweit.«[5]

Um Missverständnisse zu vermeiden und eine gemeinsame Linie festzulegen, trafen sich Peter Zinkann und sein Partner Rudolf Miele Tag für Tag bei einem festen Ritual. Allmorgendlich um Punkt neun Uhr kamen sie im Besprechungszimmer zu ihren Arbeitsfrühstücken zusammen. Peter Zinkann bestellte immer zwei Scheiben Knäckebrot und eine Tasse Hagebuttentee. Rudolf Miele trank grundsätzlich ein Glas Milch. Nebenbei gestalteten sie ein Weltunternehmen.

Dieses Weltunternehmen freilich soll noch immer ticken wie ein Familienbetrieb. Das wollen auch die Chefs in vierter Generation. »Unsere Türen sind immer offen«, sagt Reinhard Zinkann. »Jeder kann mit der Geschäftsführung sprechen.« Er wünsche sich Widerworte, sagt Zinkann. Es sei gefährlich, wenn Mitarbeiter ihren Chefs immer nur nach dem Mund redeten. In manchen Konzernen laufe genau das schief. Zinkann weiß, wovon er spricht. Er war Trainee bei BMW, hat sich dort anschließend bis ins mittlere Management hochgearbeitet, bevor er 1992 ins Familiengeschäft einstieg. »Glückliche Jahre« seien das bei BMW für ihn gewesen. Aber er habe auch gesehen, woran Konzerne kranken: Da stützten Mitarbeiter wider besseren Wissens falsche Entscheidungen ihrer Chefs. Andere seien in ewige, unproduktive Machtkämpfe verstrickt oder verharrten aus Angst vor Fehlern in Untätigkeit.

Bei Miele soll das anders sein. Die Mitarbeiter sollen sich entfalten und wohlfühlen. Einige Zahlen deuten darauf hin, dass das gelingen könnte. So lag die durchschnittliche Fluktuationsrate an den inländischen Standorten in den Jahren 1997 bis 2007 bei niedrigen 1,86 Prozent.

Die gemeinsamen Arbeitsfrühstücke der Miele-Chefs gibt es übrigens immer noch. Nur sitzen inzwischen nicht mehr nur zwei, sondern fünf Geschäftsführer im modernen Besprechungszimmer. Auch trifft man sich nur noch ein Mal in der Woche. Geblieben ist der unbedingte Wille zum Konsens. Probleme werden so lange diskutiert, bis sich die Eigentümer einig sind. Herr Miele und Herr Zinkann ziehen an einem Strang, so unterschiedlich sie auch sind. Gegen die Stimme des jeweils anderen geht nichts. Eintracht ist und bleibt oberstes Gebot bei Miele – dem »Zwei-Familien-Unternehmen«.

Teil III

Familienunternehmen: Vorbild »Made in Germany«

Fünf Bausteine des Erfolgs

Es gibt ihn nicht, den Prototypen des erfolgreichen Familienunternehmers. Heinz-Horst Deichmann ist Christ und Missionar, Dirk Roßmann bekennender Atheist. Nicola Leibinger-Kammüller gibt sich bescheiden, Hans Georg Näder liebt den Luxus. Die Gründernachfahren Markus Miele und Reinhard Zinkann führen in vierter Generation selbst, Karl-Rudolf Mankel hat einen externen Geschäftsführer beauftragt, wie es schon sein Vater und sein Großvater vor ihm getan haben. Mancher Unternehmer ist ein begnadeter Erfinder und Tüftler, ein anderer hat die große Linie im Blick. Einer arbeitet diszipliniert im festen Tagesrhythmus, der andere lebt von Inspiration.

Die Persönlichkeiten an der Spitze zeichnen sich vor allem durch eines aus: ihre Vielfalt. Vergliche man eine Gruppe von Familienunternehmern mit einer Gruppe von hochrangigen Konzernmanagern, die Schar der Familienunternehmer wäre bunter, weniger stromlinienförmig. Sie haben Ecken und Kanten, Macken und Schrullen, genau wie ihre Unternehmen.

Einige entscheidende Punkte haben die erfolgreichen Familienunternehmen aber doch gemeinsam. Sie machen das Familienunternehmen als Unternehmensform stark – schlagkräftig in seiner internen Organisation und erfolgreich auf den Märkten im In- und Ausland. Fünf Bausteine, die den Erfolg von Familienunternehmen begründen, haben sich in den Interviews, die den ersten beiden Teilen dieses Buches zugrunde liegen, herauskristallisiert:

Erstens sind Familienunternehmen besonders dann stark, wenn

sie glaubwürdig sind und das Vertrauen von Kunden, Zulieferern und Beschäftigten pflegen. Zweitens mühen sich die erfolgreichen unter ihnen, exzellente Mitarbeiter zu gewinnen und langfristig an sich zu binden. Drittens haben sie ein professionelles Management, das auch mit familienfremden Geschäftsführern besetzt sein kann. Viertens sind sie solide finanziert, ohne moderne Finanzierungsinstrumente außer Acht zu lassen. Und fünftens erhalten sie durch eine stete Erneuerung von innen ihre Innovationskraft.

Glaubwürdigkeit und Vertrauen

Wer den Buntstiftproduzenten Faber-Castell im Internet besucht, wird von einem Grafen persönlich begrüßt. »Begleiten Sie mich auf eine Reise durch die faszinierende Welt des Bleischreibens und der Farben«, lädt Anton Wolfgang Graf von Faber-Castell seine Besucher ein. Freundlich lächelt der ältere Herr von einem Foto, das ihn im eleganten Anzug mit weißem Einstecktuch vor einer alten, mit Efeu berankten Mauer des Familienschlosses zeigt.[1] Der Graf führt sein Unternehmen in achter Generation. Er ist Chef von rund 7000 Mitarbeitern in 14 Fabriken und 20 Vertriebsgesellschaften in aller Welt. Und er bürgt mit seinem guten Namen dafür, dass dort alles mit rechten Dingen zugeht. Das Unternehmen unterwirft sich einer internationalen Sozialcharta und verspricht den nachhaltigen Umgang mit natürlichen Ressourcen.

Ob bei Graf Faber-Castell, Claus Hipp, den Deichmanns oder den Underbergs – in vielen Familienunternehmen steht das Produkt für die Familie und die Familie für das Produkt. Kunden und Geschäftspartner vertrauen auf den guten Namen. Und solches Vertrauen wird in den unübersichtlichen Zeiten der Globalisierung immer wertvoller.

Skandale um Gammelfleisch und Schadstoffe im Spielzeug haben die Verbraucher verunsichert. Immer wieder machte zum Beispiel der amerikanische Spielwarenkonzern Mattel Negativschlagzeilen. Der Hersteller von Fischer Price und Barbie-Puppen musste

Millionen von Puppen und Spielzeugautos wegen gefährlichen Schadstoffen zurückrufen. Im Sommer 2009 verhängte die amerikanische Verbraucherschutzkommission eine Millionenstrafe gegen den Konzern, weil er wissentlich Spielzeug aus China mit zu hohem Bleigehalt importiert und vermarktet hatte.[2]

Täglich kaufen die Verbraucher Waren aus aller Herren Länder. Das Internet liefert gleich eine ganze Flut von Informationen über Vorzüge und Gefahren etlicher Produkte. Das alles macht Entscheidungen immer komplexer. Viele Menschen fühlen sich durch das riesige Angebot schlicht überfordert und greifen gern zu Altbewährtem. Unbefleckte Marken, vertraute Namen sind da wie Oasen in der Wüste.

Wie positiv schon allein der Begriff »Familienunternehmen« belegt ist und welche Hoffnungen die Menschen mit diesem Titel verbinden, zeigt eine Studie des Wittener Instituts für Familienunternehmen.[3] Danach ist die Gattung Familienunternehmen bei den befragten Verbrauchern, Journalisten und Unternehmern selbst eine starke Marke. Die Firmen werden mit Themen wie soziale Verantwortung, Umweltbewusstsein, Kontinuität und Qualität verknüpft. All dies sind gute Eigenschaften, die die Menschen auch bei ihrem »idealen Arbeitgeber« suchen. Sie wiegen manchen Nachteil, etwa einen weniger attraktiven Standort in der Provinz, auf. Aus der »Marke Familienunternehmen« lässt sich also auch im Kampf um Arbeitnehmer durchaus Kapital schlagen. Es scheint, als sei der Begriff in den vergangenen Jahrzehnten zum Gütesiegel geworden.

Darin liegt für die Firmen allerdings auch eine große Gefahr. Denn ein guter Ruf ist schnell verspielt. Auch für altbekannte Marken ist Vertrauen ein flüchtiges Gut. Wie flüchtig, beschreibt der Geschäftsführer der PR-Agentur Pleon, Frank Behrendt, mit drastischen Worten. Er berät Politiker, Mittelständler und Großkonzerne im öffentlichen Auftritt und weiß: »Ein Konzern wie Shell kann eine Brent Spar (eine Ölplattform, die das Unternehmen im Jahr 1995 im Atlantik versenken wollte, Anmerkung der Autorin) überleben. Ein Mittelständler dagegen ist nach einem großen Fehltritt faktisch tot.«

Für manche Unternehmen werden allerdings auch schon kleine Fehltritte zum Desaster. Und das, so der Pleon-Chef, liegt oft an mangelnder Kommunikation. Anstatt bei einem echten oder vermeintlichen Problem mit der Qualität ihrer Produkte in die Offensive zu gehen, steckten die Unternehmer und Manager den Kopf in den Sand. Da sind Negativschlagzeilen garantiert und die Marke wird schwer beschädigt.

Die Nudeldynastie Birkel kostete ein Skandal, der am Ende gar keiner war, in den Achtzigerjahren Kopf und Kragen. Die Medien berichteten über den sogenannten Flüssigei-Fall. Für Nudeln seien befruchtete und schon bebrütete Eier verwendet worden. Das Stuttgarter Regierungspräsidium nannte auch den Namen »Birkel« – ein Fehler, wie sich später herausstellte. Als der Skandal aufgeklärt war – Schuld an den auffälligen Laborwerten war die völlig legale Beimischung von Trockenei –, stand der Familienbetrieb am Rande des Ruins. Die Umsätze waren drastisch eingebrochen. Den Birkels blieb nur der Verkauf. 1990 – im 116. Jahr nach der Firmengründung – ging das Unternehmen an den französischen Konzern Danone.

Bindung und Förderung von Mitarbeitern

Heinz-Horst Deichmann bietet kostenlose Gesundheitswochen in der Schweiz, Dirk Roßmann lädt zu Fortbildungen in die Lüneburger Heide, Nicola Leibinger-Kammüller berät Mitarbeiter auch in persönlich schwierigen Lebenslagen und Claus Hipp offeriert ihnen Mahlzeiten für die ganze Familie zum Vorzugspreis; eines ist sämtlichen in diesem Buch porträtierten Familienunternehmen gemein und es gilt auch für Tausende weitere im Land: Sie bemühen sich nach Kräften, qualifizierte Mitarbeiter an ihr Unternehmen zu binden. Ihre Angestellten sollen sich wohlfühlen.

Das Kalkül dahinter ist auch eigennützig. Arbeitgeber mit Wohlfühlfaktor können im Kampf um die besten Köpfe punkten, den Deutschlands Unternehmen immer erbitterter führen. In der alternden Gesellschaft mit immer mehr Rentnern und immer weniger Nachwuchs wird das Personal knapp. Ob Firmen in Technologiebranchen wie der Telekommunikation oder der Umwelttechnik, im Handwerk oder im Handel – sie alle suchen händeringend qualifizierte und motivierte Mitarbeiter. Trotz Wirtschaftskrise fehlten in Deutschland nach Schätzungen des Verbandes Deutscher Ingenieure (VDI) im Februar 2009 noch rund 44 000 Ingenieure. Allein dieser Mangel habe die Leistung der gesamten Volkswirtschaft im Jahr 2008 um rund 6,6 Milliarden Euro geschmälert.[4]

Gerade die großen und bekannten Familienunternehmen stehen im Kampf um Fachkräfte oft noch vergleichsweise gut da. Viele haben auch in Krisenzeiten das Vertrauen ihrer Mitarbeiter nicht enttäuscht. Während so mancher Konzern Arbeitnehmer und die Öffentlichkeit durch immer neue Umstrukturierungen und Kündigungswellen verunsicherte, bemühten sich weitsichtige Firmenchefs auch in schlechten Zeiten um Verlässlichkeit. Allerdings verlangten sie von ihren Mitarbeitern erhöhten Einsatz: Unternehmen wie der Prothesenhersteller Otto Bock oder der Maschinenbauer Trumpf verlängerten die Wochenarbeitszeit – ohne Lohnausgleich. Dafür allerdings hielten sie ihr Versprechen, Arbeitsplätze zu sichern und den heimischen Standort zu stärken.

Um qualifizierte Fachkräfte anzuwerben, müssen sich die kleineren inhabergeführten Unternehmen besonders anstrengen. Denn sie sind nicht in attraktiven Großstädten, sondern in der Provinz zu Hause und zum Teil wenig bekannt. Wer Studienabgänger aus München, Berlin oder Aachen nach Duderstadt, Pfaffenhofen oder Gütersloh locken will, muss mehr bieten als eine hübsche Landschaft. Der Hersteller für elektronische Schaltsysteme Marquardt GmbH hat das erkannt. Das Familienunternehmen aus dem 2 600-Einwohner-Dorf Rietheim vergibt Stipendien an leistungsstarke Ingenieursstudenten. Bedingung: Die Studierenden müssen sich die Firma, idyllisch zwischen Schwarzwald und Naturpark Obere Donau gelegen, näher ansehen. Sie verpflichten sich, ihr Praxissemester und ihre Bachelorarbeit bei Marquardt zu absolvieren. Zudem sind sie für insgesamt sechs Wochen als Werksstudenten im Betrieb.[5]

»Wir wollen gute Ingenieure so früh wie möglich binden«, sagt Personalleiter Ludger Schöcke.[6]

Eine ähnliche Strategie der Mitarbeitersuche verfolgt Familienunternehmer Frank Ferchau. Er ist Inhaber von Deutschlands größtem Ingenieurdienstleister Ferchau Engineering in Gummersbach. Das Unternehmen, das er in zweiter Generation führt, hat mehr als 4200 Mitarbeiter in 50 Büros deutschlandweit. Auch Ferchau kooperiert mit Fachhochschulen und Forschungsinstituten, um früh Kontakt zu den angehenden Ingenieuren aufzunehmen. Die Firma schreibt Innovations- und Förderpreise aus und ist mit Vorträgen an den Lehrinstituten aktiv. Und daran wird sich auch in Krisenzeiten nichts ändern, sagt Ferchau: »Gute Leute zu finden, zu rekrutieren und an sich zu binden muss die Aufgabe jedes Unternehmers sein, unabhängig von der Konjunktur«.[7]

Auch kleine und mittlere Unternehmen brauchen heute eine strategische Personalplanung. Je schwieriger es wird, qualifiziertes Personal zu finden, je schneller sich die Aufgaben einzelner Mitarbeiter wandeln, desto wichtiger wird eine professionelle Personalarbeit. Wo finden wir Mitarbeiter, die die Innovationskraft des Unternehmens für die Zukunft sichern? Haben wir die richtigen Instrumente, um Mitarbeiter zu motivieren, von durchlässigen Strukturen für neue Ideen über gute Sozialleistungen bis hin zu Programmen zur Beteiligung am Unternehmenserfolg? Und: Wie bereiten wir Mitarbeiter auf immer neue Aufgaben vor?

Diese und ähnliche Fragen müssen auch Familienunternehmer für sich beantworten. Kuscheligkeit allein reicht da nicht aus. Wer als deutsches Unternehmen im globalen Wettstreit um Marktanteile überleben will, braucht eine zentrale Ressource: qualifizierte Mitarbeiter. Ihr Wissen, ihre Fertigkeiten sind ein Kapital, in das Unternehmer in ihrem eigenen Interesse investieren sollten.

Besonders gut gelingt das nach Meinung von Experten der CAS Software AG in Karlsruhe. Eine Jury aus Unternehmern, Managern und Politikern kürte den 1986 gegründeten IT-Anbieter für Kundenmanagement zum »Arbeitgeber des Jahres 2009«.[8] Firmenchef Martin Hubschneider biete seinen Mitarbeitern vielversprechende Entwicklungsmöglichkeiten, hieß es zur Begründung. Er habe Freiräume für selbst gesteuertes Lernen direkt am Arbeitsplatz geschaffen. Eine virtuelle Bibliothek unterstützt die 166 Beschäftigten. Zudem gibt es eine firmeneigene Akademie mit Workshops zum Führungsverhalten und Englischkursen. Für Hubschneider zahlen sich diese Ausgaben aus. »Wir bekommen nicht nur die besten Kräfte«, sagt er. »Unsere Mitarbeiter sind mit Begeisterung bei der Arbeit und sorgen für zufriedene Kunden.«[9]

Professionelles Management

Erfolgreiche Manager eines Familienbetriebs müssen, wie der Fall Dorma zeigt (vergleiche Porträt: »Der Gemütliche«), nicht unbedingt selbst aus der Familie kommen. Die Anlagen für Unternehmertum und gute Menschenführung vererben sich nicht automatisch von Generation zu Generation. Ein Unternehmer oder eine Unternehmerin tut zumindest gut daran, die Fähigkeiten der Nachkommen eingehend zu prüfen (wie zum Beispiel die Familie Leibinger von Trumpf Maschinenbau), bevor er oder sie ihnen die Verantwortung überträgt. Wer selbst nicht zum Firmenmanager geboren ist, hat im Aufsichtsrat oder im Gesellschafterkreis einen besseren Platz als im aktiven Geschäft.

Das haben viele deutsche Familienunternehmer erkannt. Vor allem bei den Großen sind Manager von außen auf dem Vormarsch. 49 der 100 größten deutschen Familienunternehmen werden laut einer Untersuchung des Zentrums für Familienunternehmen der WHU bei Koblenz inzwischen von Fremdmanagern geführt. Besonders selten sind Familienmitglieder im Vorstand von börsennotierten Unternehmen. Ob bei BMW, Metro, Henkel oder Porsche – überall sind Externe am Werk. Es gibt jedoch auch bei den Großen Ausnahmen: Erich Sixt lenkt die Geschicke seiner börsennotierten Autovermietung selbst. Hubert Burda und Heinz Bauer führen die gleichnamigen Verlage. Bei der Douglas Holding AG – bekannt über

die Parfümeriekette Douglas, aktiv aber auch im Handel mit Büchern (Thalia), Schmuck (Juweliere Christ), Mode (Appelrath & Cüp-
per), Sportartikeln (Voswinkel) und Süßwaren (Hussel) – übernahm
Sohn Henning Kreke 2007 nach 32 Jahren den Vorstandsvorsitz von
seinem Vater Jörn Kreke.

Auch so manches mittelgroße Familienunternehmen schätzt inzwischen den Wert von externem Sachverstand im Management.
Die Bonner Unternehmensberatung Intes befragte 361 Familienbetriebe mit externer Führung nach den Motiven für ihren Schritt. Die
große Mehrheit von über 70 Prozent gab an, sie hätte spezifische
Expertise gesucht oder innerhalb der Familie niemand ähnlich Geeigneten gefunden.[10]

Es ist der Grundsatz »Eignung vor Familienzugehörigkeit«, der
Deutschlands Familienunternehmen auch im internationalen
Wettbewerb stark macht. Bernd Venohr, Professor an der Fachhochschule für Wirtschaft Berlin, spricht vom »aufgeklärten Familien-
kapitalismus«. So nennt er die Kombination aus Familieneignern
und professionellem Management. Und diese sei, speziell bei
Deutschlands erfolgreichen Weltmarktführern, weiter verbreitet als
in anderen Industrieländern. So vererben deutsche Unternehmer
den Chefsessel deutlich seltener an den ältesten Sohn als Engländer,
Franzosen oder Amerikaner. Entsprechend häufiger sind fremde
Manager.[11]

Die machen ihren Job ganz offensichtlich gut. Bei den Manage-
mentpraktiken haben deutsche Mittelständler Weltklasse. Die Berater von McKinsey haben zusammen mit der London School of Economics die Führungspraktiken von mehr als 700 mittelgroßen
Industrieunternehmen (zwischen 100 und 10 000 Beschäftigten) in
den USA, Deutschland, Großbritannien und Frankreich untersucht.[12]
Im Fokus standen Bereiche wie die Organisation der Produktion,
das Qualitätsmanagement oder die Systeme zur Motivation und Beurteilung von Mitarbeitern. US-Unternehmen schnitten am besten
ab – knapp vor den deutschen Mittelständlern. Briten und Franzosen dagegen waren beim sogenannten Management Score deutlich

schlechter und deshalb auch wirtschaftlich oft nicht so erfolgreich wie die ausländische Konkurrenz.

Dennoch gibt es gerade für Manager in Familienunternehmen eine ganze Reihe von Stolpersteinen. Häufig haben die verschiedenen Eigentümer – Gründer und ihre Erben, Ehepartner, designierte Nachfolger und deren Geschwister – unterschiedliche Wünsche, senden unterschiedliche Signale. Für sie ist Geschäft längst nicht immer Geschäft. Die Firma, ihre Geschichte und ihre Zukunft, das alles weckt große Gefühle. Eine sogenannte Familienverfassung kann helfen, Emotionen im Zaum zu halten, gegensätzliche Interessen zu versöhnen und in Streitfällen zu schlichten.[13] Dort sollten die Kompetenzen von Gesellschaftern, Beiräten und Managern sowie Regeln für den Streitfall festgeschrieben sein.

Vorbildlich gelungen ist das den Haniels – Deutschlands größter und bedeutendster Unternehmerfamilie. Über 500 Gesellschafter gehören zur Sippe. Ihr Familienkonzern beliefert und betreibt Apotheken (Celesio), möbliert Büros (Takkt), verleiht Berufsbekleidung (Boco), verschrottet Stahl (ELG) und stattet Toiletten aus – mit Seifenspendern und mit selbst reinigenden Klositzen (CWS). Dazu gehören dem Clan noch über 30 Prozent an der Metro-Gruppe.

Damit die Geschäfte reibungslos laufen und das Vermögen stetig wächst, unterwirft sich die weitverzweigte Verwandtschaft den rigiden Regeln ihres »Familienrats«. Ehernes Prinzip ist die Selbstbeschränkung. Seit 1917 gilt die Trennung von Eigentum und Management. Kein Haniel darf in der Gruppe arbeiten – noch nicht einmal als Praktikant. Zudem verbleibt ein Großteil der Gewinne im Unternehmen. Maximal ein Viertel des Überschusses wird an die Eigentümer ausgeschüttet. Auch das allerdings sind in dem florierenden Konzern noch riesige Summen. Im Jahr 2007 verdiente die Gruppe 922 Millionen Euro – nach Steuern.

Bei den Haniels ist Rendite Trumpf. Für einige klassische Tugenden von Familienunternehmen – Kontinuität und Verlässlichkeit etwa – bleibt da kein Platz. Der Familienkonzern hat nichts von einem Traditionsbetrieb, agiert eher wie ein Finanzinvestor. Stetig werden die Beteiligungen auf Wachstumsaussichten und Gewinne geprüft – was keinen Erfolg verspricht, wird abgestoßen. Erst im Sommer 2008 trennte sich die Gruppe von ihrem gesamten Baustoffbereich Xella mit 7400 Mitarbeitern. Der einzige produzierende Unternehmensbereich passe nicht mehr in den Handels- und Dienstleistungskonzern, heißt die Begründung. Der Käufer von Xella war übrigens eine Gruppe von Finanzinvestoren.

Ohne klare Regeln, so viel ist sicher, ist Streit in der Familie programmiert. Beispiele dafür, wie man es nicht machen sollte, gibt es auch bei Deutschlands Familienunternehmen zuhauf. Etwa die tragische Unternehmerlegende Adolf Merckle. Der forsche Firmenkäufer, der als Herr über ratiopharm, HeidelbergCement und Kässbohrer einst zu den zehn reichsten Deutschen zählte, nahm nicht nur Milliardenschulden, sondern auch einen Familienstreit mit in den Freitod. Der jüngere Sohn und Hoffnungsträger Philipp hatte in seinen Augen als Chef von ratiopharm versagt. Unter der Führung des Filius verlor der Generikahersteller massiv Marktanteile. Im Frühjahr 2008, nach weniger als zweieinhalb Jahren an der Spitze, entließ der Vater den Sohn – eine Entscheidung, die ihm bis zuletzt nachgegangen sein dürfte.

Auch der Textilunternehmer Klaus Steilmann haderte mit seinen Erben. Der einst führende Textilhändler in Europa stellte sich lange gegen den Managementkurs seiner ältesten Tochter Britta, übergab ihr aber 2001 dennoch die Geschäftsführung. Zwei Jahre später geriet das Unternehmen in die Krise, der Umsatz brach um 9 Prozent ein. Daraufhin warf Tochter Britta das Handtuch. Ute, die jüngste von drei Schwestern, übernahm die Führung. Auch ihr war kein Glück beschieden. Im Jahr 2006 drohte die Insolvenz, und die Reste des Erbes wurden an einen italienischen Investor verkauft.

Solide Finanzierung

Viele Unternehmen in Familienbesitz können besonders in Zeiten der Krise punkten. Wie zum Beispiel beim Prothesenhersteller Otto

Bock (vergleiche Porträt »Der Lebensfrohe«) sind ihre Kassen für günstige Zukäufe gut gefüllt. Einst wurden solche Unternehmen für ihre konservative Finanzierung belächelt. Sie jonglierten nicht mit Millionen von der Börse, waren selbst bei Krediten von Banken eher vorsichtig. Lieber setzten sie auf eigene Mittel. Wer zu viel eigenes Geld im Unternehmen festsetze und zu wenig fremdes Kapital für sich arbeiten lasse, verschenke Rendite und Wachstumspotenzial, monierten Kritiker. Heute sind diese Kritiker leiser geworden. Denn wer vorgesorgt hat, so viel ist sicher, kann gelassener durch die Krise gehen. Jürgen Heraeus etwa, Aufsichtsratschef des Edelmetallkonzerns Heraeus Holding, hat keine Zukunftsängste. Trotz hoher Personalkosten – das Firmenkonglomerat, das zu den größten Familienunternehmen der Republik gehört, hat fast 12 000 Beschäftigte – könne Heraeus 10 Prozent weniger Umsatz verkraften, ohne dass der Gewinn einbreche, sagte der Chefaufseher zum Jahresende 2008.[14] Schließlich sei über Jahre »klotzig verdient« worden. Und wer schlau gewesen sei, habe Geld zur Seite gelegt.

Heraeus, ein Konstrukt aus heute mehr als 100 meist mittelständisch strukturierten Einzelgesellschaften, ist seit über 155 Jahren in Familienbesitz. Von einem Börsengang wollen die Nachfahren der inzwischen weitverzweigten Hanauer Familie nichts wissen. »Für die Börse müssten wir zu viel opfern, was unsere Firmenkultur ausmacht«, sagt Roland Gerner, einer der Geschäftsführer von W.C. Heraeus, der ältesten und größten Sparte im Konzern.[15] Zu komplex und zu weitverzweigt sei das Geschäft, nicht kompatibel mit den Erwartungen von Analysten. Ungeeignet für die Börsenwelt wäre auch die Finanzierung des Betriebs. Im guten Jahr 2007 steigerte Heraeus seine Eigenkapitalquote von 53 auf 55 Prozent.

In Zeiten der Krise sind solche Quoten beruhigend. Nicht umsonst wird das Eigenkapital von Familienunternehmen in der Literatur auch als »geduldiges Kapital« bezeichnet. Die Geldgeber sind in der Regel bereit, länger auf Gewinne zu warten als Anleger am Kapitalmarkt. Doch die Frage ist, wo hört die »solide« Finanzierung auf und wo fängt die »Überkapitalisierung« an? Norbert Winkeljohann,

Vorstandsmitglied und Mittelstandsexperte bei der Wirtschaftsprüfungsgesellschaft PricewaterhouseCoopers (PwC) in Deutschland, urteilt vorsichtig. Die optimale Höhe des Eigenkapitals sei von Branche zu Branche, von Geschäft zu Geschäft unterschiedlich. »Die Krise allerdings gibt denjenigen Unternehmern Recht, die bei solider Finanzierung ihre Renditen optimiert haben.« Wer viel fremdes Kapital einsetzt, hat einen größeren Hebel (Englisch: Leverage) für die Rendite auf sein eigenes Geld. Zudem lässt sich, wenn zum eigenen Geld noch fremdes dazukommt, ein schnelleres Wachstum finanzieren. Gehen die Umsätze aber zurück, wie jüngst bei den Automobilzulieferern, und brechen die Gewinne ein, geraten Unternehmen mit vielen Schulden unter Druck. Denn die Finanziers des Fremdkapitals wollen Zinseinnahmen, auch in wirtschaftlich schwierigen Zeiten. »Wer zu sehr ›geleveraged‹ hat, den bringt ein hoher Kapitaldienst an die Grenze der Überlebensfähigkeit«, sagt Winkeljohann.

Als zweiter Stolperstein in der Krise erweisen sich für Firmen Planungsfehler bei der Liquidität. Stefan Weniger, Vorstand der Sanierungsberatung CMS AG, kennt das Problem gut. »Die Unternehmen machen häufig Cashmanagement nach Kontoauszug. Ist was da, kann bezahlt werden. Ist nichts da, wird auch schon einmal die Steuer oder die Sozialversicherung geschoben«, sagt er. Das ist aber strafbar und hat empfindliche Folgen. Dann kommt zum großen Schrecken der Unternehmer die Staatsanwaltschaft vorbei.

Geradewegs in die Pleite kann es führen, wenn Firmen mit kurzfristigen Krediten langfristige Investitionen finanzieren. »Das ist ein Kardinalfehler bei der Liquiditätsplanung«, sagt Weniger. »Damit begeben sich die Unternehmen in die totale Abhängigkeit von den Banken. Kappen die die kurzfristigen Kreditlinien, bricht das Kartenhaus zusammen.« Ein gute Planung der Geldflüsse ist aber nicht nur in der Krise wichtig. Häufig hätten Firmen einerseits gering verzinste Guthaben, nähmen aber andererseits teure Überziehungskredite für ihr Geschäftskonto in Anspruch, berichtet der Sanierer. »So wird Geld verbrannt, das nachher bei der Rendite fehlt.«

Wer ausreichend Eigenkapital besitzt und seine flüssigen Mittel im Griff hat, kann sich daranmachen, andere, moderne Finanzierungsinstrumente zu suchen, um Wachstum und Rendite zu beflügeln. Das tun allerdings nur die wenigsten Firmen, hat Ann-Kristin Achleitner, Professorin für Entrepreneurial Finance an der Technischen Universität München, herausgefunden. »64 Prozent der deutschen Familienunternehmen finanzieren sich extern nur über Bankkredite«, sagt sie.[16] Dabei stünde eine Reihe von anderen, interessanten Instrumenten zur Verfügung. Etwa das sogenannte Mezzanine-Kapital, eine Art Zwitter zwischen Fremd- und Eigenkapital. Dazu gehören unter anderem Genussscheine, stille Beteiligungen oder Wandelanleihen, die in der Bilanz zum Eigenkapital zählen, ohne dass die Geldgeber Mitspracherechte wie Aktionäre haben.

Wachsende Bedeutung prophezeien Experten einer Finanzierungsform, die bisher einen eher schlechten Ruf hatte: dem Verkauf von Anteilen an Private-Equity-Gesellschaften, auch Heuschrecken genannt. Diese sammeln Kapital von verschiedenen Investoren ein und beteiligen sich an nicht börsennotierten Unternehmen. Ihr Ziel ist es, die Anteile nach zumeist wenigen Jahren mit Gewinn zu verkaufen. Bei Mittelständlern waren diese Investoren bisher aus zweierlei Gründen unbeliebt. Erstens wegen ihres Strebens nach schnellen Renditen und zweitens, weil sie, um starken Einfluss auf das Geschäft nehmen zu können, in der Regel die Mehrheit des Unternehmens übernehmen wollten.

Neuerdings sind allerdings immer mehr Finanzinvestoren auch an kleineren Paketen interessiert. »Solche Minderheitsbeteiligungen werden an Bedeutung zunehmen«, sagt Brun-Hagen Hennerkes, Rechtsanwalt und Vorstand der Stiftung Familienunternehmen. Seinen Schätzungen zufolge sind bisher nur knapp 100 von bis zu 4000 Unternehmen, die dafür in Frage kämen, diesen Weg gegangen.

Idealerweise geben die fremden Investoren nicht nur frisches Geld, mit dem das Unternehmen neue Produktionsstätten, eine Expansion ins Ausland oder zusätzliche Forschung und Entwicklung finanzieren kann. Sie bringen auch Wissen ins Geschäft ein. Besonders in Sachen interne Managementstrukturen und Organisation der Finanzen haben die Private-Equity-Manager Erfahrung. Wer einmal einen Beteiligungsfonds als Minderheitsgesellschafter an Bord hat, bereut diesen Schritt einer Studie der Stiftung Familienunternehmen zufolge meist nicht.[17] 15 von 19 befragten Unternehmen sind zufrieden oder sogar sehr zufrieden mit den fremden Kapitalgebern.

Stete Erneuerung von innen

Gute Ideen haben viele Mütter und Väter. Den Weltmarktführern von heute reicht ein kluger Kopf, ein legendärer Tüftler und Erfinder längst nicht mehr aus, um ihre Position zu behaupten. Ob in der Elektrotechnik, im Maschinenbau oder bei Konsumgütern, in den vergangenen Jahrzehnten sind die Innovationszyklen immer kürzer geworden. Immer schneller bringen Firmen neue Produkte auf den Markt. Zudem wird das Feld für Neuerungen immer größer. Die Unternehmen müssen auf dem neuesten Stand sein mit Produkten und Produktionsprozessen, mit Marketing und Vertrieb. Eine zündende Idee alle paar Jahre reicht nicht – viele kleine Ideen müssen erdacht und umgesetzt werden.

Dazu braucht es durchlässige Strukturen. Möglichst viele Menschen im Unternehmen müssen sich dafür verantwortlich fühlen, die Dinge stets ein bisschen besser zu machen. Sie müssen Freiheiten haben, um in ihrem kleinen oder größeren Wirkungsbereich Veränderungen zu denken. Die Ideen jedes Einzelnen sind wertvoll und sollten gehört werden, ob er nun am Fließband steht, die Telefone an der Kundenhotline beantwortet oder als Ingenieur in der Entwicklungsabteilung forscht. Unternehmen, denen es gelingt, die eigenen, inneren Kräfte für Neuerungen zu mobilisieren, haben in Zeiten des globalen Wettlaufs um Innovationen die Nase vorn.

Der Werkzeugmaschinenbauer Trumpf (vergleiche »Die Vermittlerin«) steckt mitten in einem grundlegenden Umbauprozess. Unter Berthold Leibinger, der das Unternehmen groß gemacht hat, war Trumpf auch in Sachen Innovation zentral und hierarchisch organisiert. Ideen für Neuerungen kamen oft von ihm oder seinem Entwicklungsleiter persönlich und wurden von Mitarbeitern umgesetzt. Leibinger war allerdings weitsichtig genug, eine Abkehr vom eigenen System einzuleiten. Denn das konnte aus drei Gründen nicht mehr funktionieren: Erstens stieg die Zahl der Produkte und Produktionslinien stetig. Zweitens verlangten die Kunden rund um die Welt in immer kürzeren Abständen nach Neuerungen. Und drittens wuchs das Unternehmen kräftig.

Leibinger hob eine jüngere Generation ins Amt, die einen neuen Managementstil einführte. Nach einem Jahr an der Unternehmensspitze berief seine Tochter einen »Innovationsgipfel« mit Führungskräften aus aller Welt ein. Neue Ideen sollen stärker als bisher aus allen Teilen des Unternehmens kommen. Dazu übertrug die Geschäftsführung einzelnen Bereichen auch mehr Freiheiten. So arbeiten die rund 700 Forscher und Entwickler im wichtigen Werkzeugmaschinengeschäft unter ihrem neuen Chef zunehmend in eigenverantwortlichen Projekteinheiten. An den verschiedenen Standorten können sie zum Beispiel Kooperationen mit Forschungseinrichtungen oder anderen Technologieunternehmen organisieren.

Solche Kooperationen mit der Wissenschaft, aber auch mit Konkurrenzunternehmen sind ein Schlüssel zum Erfolg. Die Technologien sind heute so komplex, die Möglichkeiten für ihre Anwendungen so unterschiedlich – kein Unternehmen kann mehr alles selbst erforschen und entwickeln. Das gilt selbst für Großkonzerne, in besonderem Maße aber für kleine und mittlere Firmen. Erfolgreiche Familienunternehmen mit komplexeren Produkten haben das erkannt und setzen verstärkt auf Zusammenarbeit. Das gilt für den Werkzeugmaschinenbauer Trumpf ebenso wie für den Haushaltsgerätehersteller Miele oder den Prothesenbauer Otto Bock. Allein ist in der Forschung und Entwicklung fast niemand mehr stark.

Gegenüber Konzerntankern können kleinere und mittlere Unternehmen in Zeiten des steten Wandels so manchen Vorteil ausspielen. Im Idealfall arbeiten Mitarbeiter aus den verschiedensten Abteilungen zusammen; die Entscheidungswege sind kurz, die Strukturen durchlässig. Mitarbeiter, die ihren Arbeitsplatz und den Rahmen, in dem sie arbeiten, als relativ sicher empfinden, können ihre Energie auf Ideen lenken und kreativ werden. In so manchem Konzern dagegen sind die Führungskräfte und ihre Mitarbeiter vor allem mit sich selbst beschäftigt. Sie müssen immer neue Umstrukturierungen verdauen und gestalten. Für Kreativität und neue Ideen in der eigentlichen Arbeit bleibt da kaum Energie.

Nun kann die Gesellschaftsform der Familienunternehmen Innovationen zwar ermöglichen, sie ist aber noch lange kein Garant für Erfolg. Was passiert, wenn Unternehmen wichtige Trends verpassen und nichts Neues mehr erfinden, zeigen zwei Beispiele aus der Spielwarenindustrie. Der Fall Märklin und der Fall Steiff.

Der Modelleisenbahnbauer Märklin war 148 Jahre in Familienbesitz. Die Familiengesellschafter – 22 an der Zahl und untereinander zerstritten – waren es auch, die das Unternehmen im Jahr 2006 zum ersten Mal an den Rand der Pleite führten. Der Hauptgrund: Sie hatten wichtige Neuerungen versäumt, bei ihren Produkten, im Marketing, im Vertrieb. Statt auch jüngere Kundschaft für ihre Eisenbahnen zu begeistern, beließen sie in ihrer Welt im Maßstab 1 : 87 alles so, wie es schon immer war. Das Ergebnis: Die Kunden, meist Männer mittleren bis hohen Alters, starben Märklin förmlich weg. Die Verkaufszahlen schwanden. Im Jahr 2006 ging das Unternehmen an den Finanzinvestor Kingsbridge. Die Sanierung allerdings scheiterte, und Märklin musste drei Jahre später Insolvenz anmelden.

Auf einem ähnlichen Weg wie Märklin war der traditionelle Plüschtierhersteller Steiff aus dem schwäbischen Giengen. Auch hier waren die Produkte irgendwann fast so alt wie die Käufer (vergleiche Irrtum Nummer 5). Mit dem Markt für die teuren Sammlereditionen schrumpfte auch das Geschäft. Erst in einem Kraftakt nahmen die Manager der Marke mit dem Knopf im Ohr wieder die jüngeren Kunden ins Visier. Sie entwarfen neben den klassischen, steiferen Stofftieren kuschelige Kollektionen für Kinder und Babys. Auch eine Kleiderkollektion für Kinder ist inzwischen im Programm und soll das Geschäft beflügeln.

Die Konkurrenz aus Fernost und die zunehmende Überalterung der Bevölkerung machen sämtlichen deutschen Spielzeugfirmen zu schaffen. Es gibt jedoch Firmen, denen es gelingt, dem allgemeinen Abwärtstrend zu trotzen. Playmobil ist solch ein Unternehmen. Der größte Spielwarenhersteller Deutschlands setzte mit seinen stets lächelnden Plastikmännchen im Jahr 2008 mehr als 450 Millionen Euro um. Im achten Jahr in Folge konnte das Familienunternehmen aus der mittelfränkischen Kleinstadt Zirndorf ein Umsatzplus verbuchen.

Der Eigentümer Horst Brandstätter und seine Geschäftsführerin Andrea Schauer haben vieles richtig gemacht in den vergangenen Jahren, besonders in Sachen Neuerungen. Konsequent durchforsten die Macher von Playmobil Jahr für Jahr ihr Angebot, schaffen immer neue Trends, wecken immer neue Kinderwünsche. 250 unterschiedliche Produktkisten hat Playmobil im Sortiment. Es gibt Meereskönige mit Seepferdchenkutschen, ägyptische Pyramiden zum Aufklappen und eine Pflegestation für Wildtiere in Afrika. Jedes Jahr kommen rund 90 neue Artikel dazu, dafür wird die gleiche Anzahl ausgemustert. Mindestens 100 000 Stück müssen sich von einem neuen Laster, Wohnwagen oder Märchenschloss im ersten Jahr verkaufen, sonst gilt das jeweilige Produkt intern als Flop und wird abgesetzt.

Nicht nur für die stete Erneuerung von innen, sondern auch für zwei weitere Bausteine des Erfolgs ist Playmobil ein Paradebeispiel: Die Firma genießt bei Kunden wie Mitarbeitern Glaubwürdigkeit und Vertrauen und sie hat ein professionelles Management. 60 Prozent der Waren, die in 70 Ländern der Welt verkauft werden, produziert das Unternehmen in Deutschland. Außerdem gibt es Werke auf Malta, in Spanien und in Tschechien. Die Qualität aller Produkte wird streng kontrolliert. Skandale mit Schadstoffen im Spielzeug hat Playmobil in seiner über 30-jährigen Geschichte nicht erlebt,

Entlassungswellen auch nicht. Rund 2900 Mitarbeiter beschäftigte das Unternehmen im Jahr 2008, 1600 davon in Deutschland. Tendenz: steigend.

Der Firmeneigentümer und Gründer Horst Brandstätter ist inzwischen weit über 70 und verbringt einen großen Teil des Jahres im sonnigen Florida. Das Tagesgeschäft übergab er nicht etwa an einen seiner beiden Söhne. Er wählte seine langjährige Mitarbeiterin und Marketingspezialistin Andrea Schauer zur Nachfolgerin. Im Sommer 2000 übernahm sie das Ruder. Die Frage, warum keiner seiner Söhne zum Zuge kam, beantwortete Horst Brandstätter per E-Mail aus Florida: »Als Mutter und Marketingspezialistin weiß Andrea Schauer am besten, was Kinder wollen und wie man Playmobil erfolgreich vermarktet. Eine Frau denkt anders als ein Mann, hat mehr Gefühl.« Er sei es den Kindern, die Playmobil mögen, und seinen Mitarbeitern schuldig, dass es mit der Firma weitergehe. »Ich habe zwei Söhne. Ob die aber genauso denken?«, fragte der Patriarch. Seine Wahl sollte sich für sein Unternehmen und die Mitarbeiter als äußerst glücklich erweisen.

Was kluge Konzernchefs kopieren

Jürgen Großmann ist anders als andere Konzernlenker. Der über zwei Meter große, massige Mann bricht fröhlich Konventionen. Auf Zögerer und Zauderer hat er noch nie Rücksicht genommen. Auch deshalb hatten ihn die Aufsichtsräte des traditionsreichen Energieriesens RWE ausgewählt. Ihm trauten die Aufseher unter Führung des ehemaligen WestLB-Chefs Thomas R. Fischer zu, den alten Tanker RWE wieder flottzumachen. Ihm sollte es gelingen, die über Jahrzehnte zementierten, schwerfälligen Strukturen aufzubrechen, den Konzern zu befreien aus der Umschlingung von Politikern, Gewerkschaften und Partikularinteressen. Denn Jürgen Großmann hat Macherqualitäten. Er ist – anders als die meisten seiner Kollegen in den Chefetagen deutscher Konzerne – nicht nur Manager, sondern Unternehmer. Ein besonders erfolgreicher sogar. Das hat er als Eigentümer und Chef der Georgsmarienhütte GmbH bewiesen. Im Jahr 1993 übernahm er das marode Unternehmen für den symbolischen Preis von 2 Mark von den Klöckner-Werken und führte es statt in die Pleite zum Erfolg. Er formte ein Konglomerat aus mehr als 50 Firmen, vom Rohstoffrecycling über die Stahlerzeugung und -verarbeitung bis hin zum Anlagenbau, und setzte im Jahr 2007 mit rund 10 000 Mitarbeitern mehr als 2,8 Milliarden Euro um.

Großmanns Wechsel vom eigenen Unternehmen in die Chefetage eines Großkonzerns macht einen aktuellen Trend deutlich: Manager, Vorstände und Aufsichtsräte von Konzernen schauen neuerdings verstärkt Richtung Familienunternehmen. Sie wollen von den Kleinen lernen. In der Shareholder-Value-Euphorie der Achtziger- und Neunzigerjahre hielten sie ihr Modell noch für maßlos überlegen. Heute wird vielen klar, dass es bei ihnen längst nicht immer die Besten in die Spitzenpositionen schaffen. Sie wissen um das angekratzte Vertrauen von Mitarbeitern und Kunden. Und sie ahnen, dass das langfristige Denken von Unternehmern ihrer Quartalsperspektive überlegen sein könnte.

Konkret gibt es drei Bereiche, in denen sich für die Lenker von Konzernen ein genauerer Blick auf die Familienunternehmen lohnt. Da ist erstens das unternehmerische Denken, das in Konzernen über die vergangenen Jahrzehnte immer mehr zurückgedrängt wurde. Zweitens gelingt es vielen Familienbetrieben besser, Mitarbeitern einen Sinn in ihrer Tätigkeit zu vermitteln. Sie sind glaubwürdiger nach innen und außen. Und drittens bringt ihr umfassender Blick über Jahrzehnte oder gar Generationen auch auf mittlere Sicht ansehnliche Erfolge.

Unternehmerisch denken

Wenn Reinhard Zinkann, Eigentümer der Firma Miele in vierter Generation, von seiner Zeit bei BMW erzählt, spricht er von »glücklichen Jahren« (vergleiche »Das ungleiche Paar«). Er schüttelt aber auch immer wieder lächelnd den Kopf. BMW ist zwar, mit der großen Eigentümerfamilie Quandt im Hintergrund, keine anonyme Publikumsgesellschaft im Reinformat. BMW ist ein Familienkonzern, wobei die Betonung angesichts von Größe und Struktur eben doch auf dem Wort Konzern liegt. Bis ins mittlere Management ist Zinkann dort aufgestiegen, stieß aber mit seiner direkten und zupackenden Art immer wieder auf Widerstände. Oft sei es bei wichtigen Sitzungen mehr darum gegangen, seinen Chef vor den anderen Chefs nicht zu brüskieren, als wirklich die beste Entscheidung zu treffen, erzählt er. Auch, dass gute Ideen nicht einfach an den zuständigen Manager geschickt werden konnten, findet er bis heute verwunderlich. »Von, an, über« heißt die gängige Adresszeile im Konzern. »Über«, das sind die Hierarchie-Ebenen dazwischen, die einen Vorschlag womöglich kassieren, wenn er nicht in ihre persönliche Strategie passt.

Die Aufsichtsräte der RWE wünschten sich weniger Aufmerksamkeit für Seilschaften und interne Taktierereien und stattdessen mehr Unternehmertum an ihrer Spitze. Das sollten sie mit Jürgen Großmann auch bekommen. Allerdings ist er auch ein unberechenbarer, aufbrausender Chef, der mit seiner Art viele brüskierte und ganze Riegen von Managern gegen sich aufbrachte. Aus dem Organigramm des Konzerns radierte Großmann mit der Vertriebssparte RWE Engergy AG kurzerhand eine ganze Ebene heraus. Er legte Vertriebstöchter zusammen und schloss sie direkt an die Konzernzentrale an. Zwischenholdings wurden überflüssig. So erreichen Entscheidungen der Konzernspitze die operativen Bereiche jetzt direkt und ungefiltert. Die RWE wird wendiger, was auf dem sich rapide wandelnden Energiemarkt durchaus von Vorteil ist.

Viele Manager allerdings sind vor den Kopf gestoßen. Ganze Etagen von Führungskräften degradierte Großmann über Nacht. Er agiert wie ein unternehmerisch denkender Sanierer. Die Qualitäten eines einfühlsamen, vertrauenserweckenden Patriarchen hat er nicht.

In einem Konzern, in dem über Jahrzehnte Kommunalpolitiker, Gewerkschaften und Manager auf allen Ebenen um Pfründe rangen, ist wohl auch eher ein hemdsärmeliger Macher vonnöten. Großmanns Hemdsärmeligkeit ging allerdings so weit, dass er sich auch mit dem Aufsichtsrat entzweite. Die Arbeitnehmervertreter in dem Gremium forderten ihn auf, einen Plan über seine großen Vorhaben der kommenden Jahre vorzulegen. Großmann weigerte sich entschieden und drohte sogar damit, den Job hinzuschmeißen. Das, so soll er gesagt haben, sei nicht vereinbar mit seinen Freiheiten als Vorstand und Unternehmer. Vorerst schmiss ein anderer hin: Aufsichtsratschef Thomas Fischer gab seinen Job im Frühjahr 2009 auf, entnervt vom Dauerstreit mit Großmann.

Ob dessen unkonventionelle Methoden tatsächlich Erfolg haben, wird sich erst erweisen müssen. Sicher ist so viel: Jürgen Großmann hat zumindest den finanziellen Hintergrund, um unabhängig zu agieren. Sein Vermögen wurde schon vor seinem Wechsel zu RWE auf über 1 Milliarde Euro geschätzt – außer Reichweite auch für die bestdotierten Konzernmanager. Großmann hat es nicht nötig, auf kurzfristige Boni zu schauen. Er kann langfristige Ziele verfolgen. Nun mag sich so mancher Vorstand oder Aufsichtsrat eines Konzerns nach unternehmerisch denkenden Managern sehnen. Dem Unternehmertum in einer Aktiengesellschaft ohne starken Mehrheitsaktionär sind allerdings systemische Grenzen gesetzt. Aktionäre, Arbeitnehmervertreter, Aufsichtsräte – sämtliche Gruppen haben festgeschriebene Mitspracherechte. Wichtige Geschäfte wie etwa die Übernahme eines Konkurrenten lassen sich da kaum »auf dem kurzen Dienstweg« vorbereiten. Die Entscheidungswege in einem Börsenkonzern sind per se länger als in einem Unternehmen mit einem Familienoberhaupt an der operativen Spitze.

Ein Manager im Konzern ist in seinen Entscheidungen nicht nur weniger frei als ein Unternehmer, er hat auch andere Interessen. Hier liegt ein zweiter grundsätzlicher Nachteil von Publikumsgesellschaften gegenüber Familienfirmen: Er wurde unter dem Schlagwort Principal-Agent-Konflikt bekannt.[1] Die Aktionäre geben Macht und Einfluss an ihre Manager ab. Diese nutzen Spielräume und Lücken im Informationsfluss und in der Kontrolle, um eigene Ziele zu verfolgen. So maximieren sie ihre persönliche Wohlfahrt, anstatt sich wie ein Unternehmer, der auch Eigentümer ist, ausschließlich in den Dienst des Unternehmens zu stellen.

»Der eingebaute Interessenkonflikt zwischen Eigentümern und Managern ist das Krebsgeschwür der Publikumsgesellschaft«, sagt Peter May, Professor für Family Business an der IMD in Lausanne und Gründer der Unternehmer Beratung Intes. In vielen Konzernen seien die Manager leider nicht mehr Treuhänder der Aktionäre. »Sie gerieren sich wie Inhaber, ohne dasselbe wirtschaftliche Risiko zu tragen. Die Investoren sind zu schwach, um sich durchzusetzen, und so bleiben die Führungskräfte weitgehend unkontrolliert.« Anders sehe es bei Familienunternehmen aus. Selbst wenn diese von

Fremdmanagern geführt würden, sei deren Macht durch die dominierenden Inhaber deutlich eingeschränkt. Sie seien dadurch eher gezwungen, sich wie echte Unternehmer zu verhalten.

Suche nach Sinn

Der zweite Bereich, in dem Konzerne von Familienunternehmen lernen können, klingt beinahe philosophisch, hat jedoch handfeste Vorteile. Es geht um die Suche nach dem Sinn in der eigenen Tätigkeit. Torsten Groth, Soziologe und Organisationsforscher am Wittener Institut für Familienunternehmen, hat sich diesem Thema gewidmet. Für ihn spielen die Beziehungen innerhalb der Firmen, fernab von formalen Festlegungen wie Verträgen, eine zentrale Rolle. Solche familienartigen Bande beschränkten sich nicht auf die Verwandtschaft der Eigentümer. Sie dehnten sich auch auf die Mitarbeiter in einem Familienunternehmen aus. Groth spricht von einer »emotionalen Zusatzausschüttung an die Mitarbeiter«, deren Wirkung nicht hoch genug einzuschätzen sei. »Durch die gefühlsmäßige Verstrickung wird die eigene Tätigkeit als sinnhafter und wertvoller erlebt«, sagt Groth. »Deshalb genießen gute Familienunternehmen einen enormen Glaubwürdigkeitsbonus bei ihren Mitarbeitern. Sie tragen Entscheidungen der Firmenleitung daher viel eher mit, auch wenn sie unbequem sind.«

Manager aus Konzernen haben das inzwischen erkannt. »Sie wissen um ihre eigenen Defizite und bemühen sich heftig, diese wettzumachen«, sagt Groth. Nicht umsonst hätten all die vielen Begriffe, die das Wort Corporate enthalten, in der letzten Zeit Konjunktur. Tatsächlich gibt es kaum ein Großunternehmen, das nicht regelmäßig die eigene Corporate Identity beschwört und sich für seine Corporate Social Responsibility preist. Neu aus den USA ist der Begriff des Compliance Managements hinzugekommen.

Alle drei Anglizismen zielen in eine ähnliche Richtung: Der Konzern soll menschlicher werden, irgendwie sozialer. Die Corporate Identity soll die Persönlichkeit eines Unternehmens formen. Ziel ist es, dass die Firma nach innen und außen mit bestimmten, möglichst positiven Eigenschaften in Verbindung gebracht wird. Anders als bei einem Familienunternehmen gibt es aber keine gewachsene Beziehung zu einer reellen Persönlichkeit. Deshalb bemühen sich Mannschaften von Strategen und Kommunikatoren, künstlich eine Identität und somit einen Sinn zu stiften.

Die Corporate Social Responsibility stellt die gesellschaftliche Verantwortung von Unternehmen heraus. Konzerne schreiben sich auf die Fahnen, verantwortlich zu handeln gegenüber ihren Mitarbeitern, gegenüber der Umwelt und gegenüber der Zivilgesellschaft. Sie verstehen sich als Corporate Citizens, also eine Art Unternehmensbürger. Schon die merkwürdigen Wortschöpfungen zeigen, wie schwierig die Aufgabe ist: Ein abstraktes Gebilde wie ein Konzern soll menschliche Qualitäten bekommen.

Das bleibt auch mit dem neumodischen Compliance Management ein entferntes Ziel. Die Regelüberwachung hat seit Skandalen wie der Schmiergeldaffäre bei Siemens auch hierzulande Konjunktur. Ganze Abteilungen werden nun eingerichtet, um die Einhaltung von Gesetzen und Richtlinien sowie freiwilligen Kodizes zu kontrollieren.

Für Organisationsforscher Groth stehen all diese Bemühungen unter dem gleichen Vorzeichen: »Im Prinzip versucht jedes börsennotierte Unternehmen, etwas Familienähnliches nachzuahmen«, sagt er. »Das Problem ist nur: Jenen Corporate Spirit, den Aktiengesellschaften mit Kulturprogrammen, Wohltätigkeiten und Betriebsfesten aufzubauen versuchen, reißen sie mit Aktienoptionsprogrammen fürs Management und ständigem Wechsel in der Unternehmensführung und -strategie gleich wieder ein. Da merkt jeder Mitarbeiter: Letztlich bin ich hier nur eine Nummer.«[2]

In Familienunternehmen fühlt sich das meist anders an. Führung und Mitarbeiter haben sich dort nicht so weit auseinanderbewegt. Die Chefs sind präsenter, ansprechbarer, bodenständiger. Sie sind noch nicht abgetaucht in die Welt des internationalen Großkapitals mit Treffen in Tophotels und Flughafenlounges rund um die Welt.

In den Konzernen dagegen wurde die Kluft zwischen Topmanagern und Mitarbeitern in den vergangenen Jahrzehnten immer breiter. Die Gehälter von Vorständen stiegen, ihre durchschnittliche Verweildauer auf einem Posten schrumpfte. Der Wechsel wurde Programm. Mit den Köpfen änderten sich die Strategien und die Strukturen. Neue Abteilungen wurden geschaffen, alte geschlossen oder outgesourct. Die Beschäftigten fühlten sich entwurzelt. Sie unterteilen ihre Welt verstärkt in »die da oben« und »wir hier unten«. Vermutlich wird es keinem der vielen Mitarbeiter in den Corporate-Abteilungen gelingen, diesen Graben zu schließen.

»Wie schafft ihr es eigentlich, dass sich die Mitarbeiter bei euch so wohlfühlen?«, solche und ähnliche Fragen hört Nicola Leibinger-Kammüller immer wieder – auch von den wichtigsten Aufsichtsräten in der Republik. Die Familienunternehmerin sitzt seit Januar 2008 im obersten Kontrollgremium von Siemens, Deutschlands drittgrößtem Unternehmen. Kurz darauf stieg sie auch bei der Lufthansa in den Aufsichtsrat auf.

Langfristige Ziele

Sämtliche Versuche von Konzernlenkern, ihren Mitarbeitern Halt und Sinn zu vermitteln, nach außen wie innen glaubwürdig zu sein, bleiben bisher allerdings halbherzig. Sie können nur dann Erfolg haben, wenn die Konzerne beginnen, sich in einem dritten zentralen Punkt stärker an Familienunternehmen zu orientieren: Sie müssen ihr gesamtes Geschäft, ihr Management und ihre Personalpolitik auf langfristigere Ziele ausrichten.

In den vergangenen Jahrzehnten allerdings ging der Trend in die entgegengesetzte Richtung. Die Perspektiven von Familienunternehmern und Konzernlenkern drifteten immer stärker auseinander. Die theoretische Grundlage für die Spaltung lieferte ein amerikanischer Wirtschaftswissenschaftler namens Alfred Rappaport im Jahr 1986. Sein Buch mit dem Titel *Creating Shareholder Value*[3] hat eine ganze Generation von Managern in börsennotierten Unternehmen geprägt. Im Zentrum des Interesses der Unternehmensleitung sollten danach nicht etwa die Mitarbeiter oder die Kunden, sondern die Aktionäre stehen. Wichtigstes Ziel sei es, den Marktwert des Eigenkapitals, eben den Shareholder Value, zu steigern. Folglich wurden sämtliche unternehmerischen Entscheidungen den Zielen der Gewinnmaximierung und der Erhöhung der Eigenkapitalrendite untergeordnet.

Der Shareholder-Value-Ansatz fand binnen kürzester Zeit begeisterte Anhänger in den USA, aber auch in Europa. In den Konzernen löste das eine nachhaltige Machtverschiebung aus. Die Finanzabteilungen mit dem Chief Financial Officer (CFO), dem Finanzvorstand, an der Spitze waren im Aufwind. Sie sind es, die die Zahlen für Aktionäre, Analysten und Banker liefern und so unmittelbaren Einfluss haben auf den Kurs von Aktien und Anleihen, also den Shareholder Value. Sie begnügten sich folgerichtig nicht damit, das reale Geschäft in ihren Zahlen nur abzubilden. Sie nahmen selbst Einfluss. Angespornt von Investmentbankern und Beratern, die ihr eigenes Geschäft beflügelten, entwickelten sie die Strategien für Zukäufe und Fusionen. Auch bei Umstrukturierungen und Entlassungen sprachen die Finanzleute ein Wörtchen mit. Schließlich beeinflusst auch das den Kurs der Aktien. In so manchem Konzern rückten darüber die Personalpolitik sowie Abteilungen wie die Produktion und der Vertrieb, die das eigentliche Geschäft machen, in den Hintergrund.

In der großen Krise rudert inzwischen selbst einer der prominentesten Vertreter des Shareholder-Value-Prinzips zurück: Jack Welch, langjähriger Chef von General Electric, unter dessen Ägide der Marktwert des Konzerns von 13 auf 400 Milliarden Dollar stieg. Welch sagte, er habe nie vermitteln wollen, dass das Festsetzen und Erreichen von Gewinnzielen Quartal für Quartal und der damit verbundene Aktienkursanstieg das Hauptziel von Managern sein solle. Shareholder-Value sei keine Strategie, sondern »das Ergebnis gemeinsamer Anstrengungen – vom Management bis zu normalen Angestellten«, sagte Welch.[4] »Die wichtigsten Interessengruppen sind die eigenen

Mitarbeiter, die eigenen Kunden und die eigenen Produkte« – nicht die Akteure am Finanzmarkt. Welch ging noch weiter:»Genau betrachtet ist Shareholder-Value die blödeste Idee der Welt.«[5] Patrick Adenauer, Präsident des Verbandes»Die Familienunternehmer – ASU«, will ihm da nicht widersprechen.»Die Börse hat in den vergangenen Jahren die Idee der kurzfristigen Rendite maximal überhöht«, sagt der Enkel des ersten deutschen Bundeskanzlers, der gemeinsam mit seinem Bruder die traditionsreiche Kölner Baufirma Bauwens führt. In diesem»reinen Finanzkapitalismus« sei kaum Platz gewesen für unternehmerisches Denken. Die falschen, kurzfristigen Ziele hätten Gier und Rücksichtslosigkeit entfesselt.»Ich habe nie verstanden, warum ein Konzernvorstand innerhalb von fünf Jahren so reich werden soll, dass er nie mehr arbeiten muss«, sagt Adenauer. In der Krise sähen sich nun Familienunternehmer bestätigt, die ihren Betrieb nachhaltig und mit Augenmaß geführt hätten.

Im Widerspruch zur Nachhaltigkeit steht bei börsennotierten Gesellschaften schon der Turnus, in dem sie ihre Erfolge und Misserfolge den Aktionären und Analysten vermelden. Alle drei Monate gehen Meldungen über Umsätze, Aufträge und Gewinne über die Nachrichtenticker. Im Abstand von Minuten folgen die Einschätzungen von Analysten. Viele von ihnen haben den Tunnelblick der Kennzahlenrechner. Nach langfristigen Strategien und einer nachhaltigen Positionierung auf den Märkten fragen sie nicht.

Ein großer deutscher Familienkonzern entzieht sich bis heute solch kurzsichtigen Erfolgsbewertungen. Der langjährige Porsche-Chef Wendelin Wiedeking weigerte sich selbst dann noch, Quartalszahlen zu veröffentlichen, als ihm die Deutsche Börse im Jahr 2001 mit dem Ausschluss aus dem M-DAX drohte. Der Zwang zur Vorlage vierteljährlicher Berichte behindere das Unternehmen in der Verfolgung langfristig angelegter Strategien, erklärte er.»Aus unserer Sicht sind Quartalsberichte vor allem ein Geschäftsbesorgungsplan für die Deutsche Börse und die Banken.«[6] Fortan war Porsche aus dem zweitwichtigsten deutschen Börsensegment gestrichen.

Graben zwischen den Welten

Der Porsche-Chef, der mit einen großen Hauptaktionär im Rücken auftreten konnte wie ein eigenbrödlerischer Familienunternehmer, ist allerdings ein Einzelfall. In den vergangenen Jahrzehnten drifteten die Familienunternehmer auf der einen Seite und die großen Publikumsgesellschaften auf der anderen immer weiter auseinander. Die Manager, die das große Geld anderer Leute rund um den Erdball bewegten, und die doch eher bodenständigen Unternehmer wurden sich fremd. Sie lebten in zwei unterschiedlichen Welten. Der Anwalt und Berater Brun-Hagen Hennerkes spricht von »Eiseskälte«, die eingezogen sei zwischen beiden Seiten. Hennerkes, der auch die Stiftung Familienunternehmen gegründet hat, ist eine Institution im Raum Stuttgart. Seit über 30 Jahren berät er Familienunternehmen in der Region und darüber hinaus. Er kennt sie noch, die Zeiten, als die Vorstände von Daimler gemeinsam mit Unternehmern von nebenan auf die Jagd gingen. Anschließend traf man sich mit den Ehefrauen zum Plausch vor dem Kamin.

Doch mit dem Umbau zum Weltkonzern verschoben sich die Perspektiven. »Durch die immer stärkere Orientierung an den Kapitalmärkten stieg der Druck auf die Manager, die kurzfristig maximale Rendite aus dem Unternehmen rauszuholen«, sagt Hennerkes. »Die fröhliche, entspannte Stimmung verflog.«

Patrick Adenauer sieht die Lage ähnlich. »Die Vorstände der Großkonzerne haben sich abgekoppelt von der Realität der Gesellschaft«, sagt er. Ständig seien sie rund um den Globus unterwegs, kämen nur ab und zu zum Schlafen nach Hause. »Sie haben keine Zeit und keine Lust, sich ins gesellschaftliche Leben, in Vereine und Parteien einzubringen.« Das sei in den meisten Familienunternehmen noch ganz anders. Sie übernähmen Verantwortung in ihrer Region. »Den Konzernmanagern von heute fehlt diese Erdung«, sagt Adenauer. Anstatt auch mal etwas für andere zu tun, jagten sie mit einer Mischung aus Gier und Rücksichtslosigkeit den falschen Zielen hinterher. »Es geht immer nur um das große Geld.«

In der Krise gibt es jedoch erste Anzeichen für eine neue Annäherung. Die Gehälter der Konzernvorstände gingen erstmals seit fünf Jahren wieder zurück, und zwar deutlich. Berechnungen der *Welt* zufolge sanken die Direktvergütungen der DAX-Chefs im Jahr 2008 um immerhin 21 Prozent.[7] Das ist einerseits eine direkte Folge der Krise. Denn ein Teil der Managervergütungen ist variabel und an den Erfolg der Unternehmen geknüpft. So steigen die Gehälter in guten Zeiten rasant, gehen aber mit sinkenden Gewinnen zurück. Bemerkenswerter ist der zweite Grund für das Minus: eine neue Bescheidenheit. Einige Topmanager leisteten in der Krise freiwilligen Verzicht auf einen Teil ihres Einkommens. Prominentes Beispiel sind die Vorstandsmitglieder der Deutschen Bank, die 2008 auf ihre variable sowie die aktienbasierte Vergütung verzichteten. Sie erhielten lediglich ihr Festgehalt, durchschnittlich 1 Million Euro pro Kopf. Ein Jahr zuvor hatten die Vorstände im Durchschnitt noch 7,5 Millionen Euro verdient.[8] Auch die Vorstände des Düngemittelproduzenten K+S hielten freiwillig Maß. Sie verzichteten auf einen Teil ihrer variablen Bezüge – und das trotz eines erfolgreichen Geschäftsjahres. Das Führungsgremium halte die nach oben unbegrenzte variable Vergütung »nicht für angemessen«, lautete die Begründung im Geschäftsbericht. Ebenfalls in Bescheidenheit übten sich die Chefs des börsennotierten Chipherstellers Infineon. Auf der Hauptversammlung im Februar 2009 kündigte Vorstandschef Peter Bauers an, zusätzlich zu den Einbußen bei der variablen Vergütung auf 20 Prozent seines Fixgehalts zu verzichten. Die übrigen Vorstände akzeptierten ein Minus von 10 Prozent.[9]

Verglichen mit dem Risiko eines Unternehmers ist der Verzicht der Manager überschaubar. Für Firmeneigner steht in einer Krise weit mehr auf dem Spiel als nur Teile ihres Jahresgehalts. Sie haften mit ihrem Lebenswerk und nicht selten mit ihrem gesamten Vermögen. Dennoch ist der Gehaltsverzicht der Manager mehr als eine hübsche Geste. Er ist ein Zeichen dafür, dass sich das Bewusstsein wandelt. Der Graben zwischen Unternehmern und Konzernmanagern könnte in den kommenden Jahren wieder kleiner werden.

Neidische Blicke:
Franzosen und Amerikaner wünschen sich mehr Mittelstand

Es ist ein Familientreffen der besonderen Art. Die Herrschaften im Foyer des noblen Brenner's Park-Hotel & Spa in Baden-Baden begrüßen sich herzlich. Hier eine Umarmung, dort ein Küsschen. Man kennt sich, man schätzt sich. Rund 100 namhafte Familienunternehmer kommen jedes Jahr in das Fünf-Sterne-Haus. Auf der Gästeliste stehen Maschinenbauer und Bauunternehmer, Bierbrauer und Wurstfabrikanten, Strumpfhersteller und Hightech-Dienstleister.

Die Kulisse ist passend: Ein Grandhotel zwar, aber nicht protzig, sondern kuschelig familiär. Das fast 140 Jahre alte Haus, an einem herrschaftlichen Park gelegen, gehört schließlich auch einer Familie; den Oetkers, die noch vier weitere Luxushotels in der Schweiz und Frankreich besitzen. Die Gäste parlieren in den Vortragspausen über sorgsam arrangierten Canapés, ziehen sich zum vertrauten Gespräch ins Kaminzimmer zurück.

Brun-Hagen Hennerkes, der Stuttgarter Anwalt und Vorstand der Stiftung Familienunternehmen, organisiert das Treffen seit 15 Jahren. Er habe es zu einem »Davos der Familienunternehmen« gemacht, sagt der Chef der Deutschen Börse, Reto Francioni, anerkennend. Jahr für Jahr geben sich auch hochkarätige Politiker in Baden-Baden die Ehre. Bundeskanzlerin Angela Merkel war schon da. In diesem Jahr sind Bundesinnenminister Wolfgang Schäuble und Eckart von Klaeden, außenpolitischer Sprecher der CDU/CSU-Bundestagsfraktion, zu Gast.

Frankreichs Präsident Nicolas Sarkozy spricht vorzugsweise vor Konzerngrößen. Er dürfte die Deutschen dennoch um ihr Publikum beneiden. Denn es sind genau diejenigen Männer und Frauen, die Deutschlands Wirtschaft seit Jahrzehnten so stark machen. Sie setzen 50, 100 oder sogar 500 Millionen Euro im Jahr um. Sie beschäftigen einige Hundert oder sogar Tausende von Mitarbeitern. Und, das ist das Besondere, es gibt sie in Deutschland zuhauf. Firmen des gehobenen Mittelstands sind in den unterschiedlichsten Branchen stark. Sie prägen den Maschinenbau und die Fahrzeugtechnik, es gibt sie im Einzelhandel, in der Lebensmittelwirtschaft, am Bau und bei den Dienstleistern. Deutschlands gehobener Mittelstand, getragen von Familienunternehmen, ist zudem in vielen Teilen des Landes vertreten. Es gibt prosperierende Cluster von Maschinenbauern und Automobilzulieferern rund um Stuttgart. Im Umkreis von München haben sich Firmen der Biotechnologie entwickelt. Um Karlsruhe oder Saarbrücken sind unterschiedliche High-Tech-Unternehmen stark.

Vorbild: »Mittelstand allemand«

Deutschland hat also genau das, was den Franzosen fehlt: einen starken Mittelstand, der in vielen Regionen des Landes blüht. Wissenschaftler und Politiker im Nachbarland haben diese Schwäche längst erkannt. »In Frankreich fehlen 10 000 Firmen à 300 Angestellte«, schreibt der angesehene Wirtschaftsrat (Conseil d'Analyse Économique) in einem Bericht über eine neue Strategie für kleine und mittlere Unternehmen.[1] »Hätten wir diese drei Millionen neuen Beschäftigten: All unsere wirtschaftlichen, sozialen und finanziellen Probleme wären gelöst«, fügen die Regierungsberater selbstironisch an und fragen: »Warum haben wir in Frankreich nicht das Gegenstück zum deutschen ›Mittelstand‹ (Mittelstand allemand)?«
    Die Antwort auf diese Frage ist vielfältig. Sie hat zu tun mit Mentalitäten und Staatsgläubigkeit, mit geschichtlichen Pfaden und politischen Winkelzügen. Zur Erklärung geht Henrik Uterwedde, stellvertretender Direktor des Deutsch-Französischen Instituts in Ludwigsburg, zurück zum Zweiten Weltkrieg. »Der Schock, dass Hit-

lers Armee Frankreich in nur vier Wochen überrollt hatte, saß tief«, sagt er. Die Niederlage offenbarte, wie veraltet die Technik der Streitkräfte war, wie wenig sie den deutschen Panzern und der deutschen Luftwaffe entgegensetzen konnten. So etwas sollte nie wieder passieren. Frankreichs Eliten wollten heraus aus der relativen Unterentwicklung. Sie wollten die Industrialisierung nachholen, und zwar schnell. Die Organisation sollte der Staat übernehmen. »Modernisierung von oben hieß das Zauberwort«, sagt Uterwedde. »Das war die Geburtsstunde der Planification.«

Es wurden Sektorenpläne geschrieben, Schlüsselindustrien definiert. Im Fokus standen immer die Großen, die »nationalen Champions«, die man schaffen wollte. Dazu drängte die Staatsspitze auch auf Fusionen, wie die Übernahme von Citroën durch Peugeot in Jahr 1975. Sie selbst schmiedete Großkonzerne wie den Schienenfahrzeugs- und Kraftwerkshersteller Alstom oder den Pharmakonzern Sanofi, der im Jahr 2004 mit Unterstützung der Regierung die feindliche Übernahme des deutsch-französischen Konkurrenten Aventis vollzog.

Die Grundlage für die Spaltung der französischen Wirtschaft war gelegt. Auf der Sonnenseite stand die moderne Großindustrie, stark in der Luftfahrt, im Energiesektor oder in der Autoindustrie. Sie bekam Subventionen und die volle Aufmerksamkeit der Politik. Hier wurden Prestigeprojekte wie der Schnellzug TGV und das Überschallflugzeug Concorde verwirklicht. Schon in den Sechzigerjahren soll deshalb der Gründer des Nachrichtenmagazins *l'Express*, Jean-Jacques Servan-Schreiber, gelästert haben: Was nutzt es uns eigentlich, wenn einige wenige Manager irgendwann in dreieinhalb Stunden nach New York fliegen können, dafür aber halb Frankreich noch nicht einmal ein stabiles Telefonnetz hat?

Vorsintflutliche Strukturen

Seine Kritik ist immer noch aktuell. Denn der große Rest der französischen Wirtschaft stand über Jahrzehnte im Schatten der staatlichen Prestigeprojekte. »Dort blieben die Strukturen vorsintflutlich«, sagt Uterwedde. Daran hat sich bis heute wenig geändert. Hunderttausende von Unternehmen mit weniger als 20 Beschäftigten gibt es im Land. Der Conseil d'Analyse Économique nennt sie die »Mäuse«. Es sind Firmen wie der Schuster, der Schlüsseldienst oder die Bäckerei um die Ecke, die die Bevölkerung vor Ort mit Produkten und Dienstleistungen versorgen. Sie wachsen aber nicht und schaffen auch keine neuen Arbeitsplätze.

Wenig hilfreich für den Arbeitsmarkt seien auch die Großkonzerne, die »Elefanten«. Die wuchsen in der Vergangenheit zwar durch Zukäufe und Fusionen, bauten allerdings Tausende von Stellen in Frankreich ab. Die Hoffnung und die Aufmerksamkeit der Politik sollten folglich auf dem dritten Typus Unternehmen, den sogenannten Gazellen, liegen. Das sind schnell wachsende mittelständische Firmen mit 20 bis 500 Beschäftigten, die neue Arbeitsplätze schaffen.

Das Problem ist nur: Von dieser Sorte Unternehmen gibt es in Frankreich nicht allzu viele. Besonders im gehobenen Mittelstand fehlt die breite Masse. Weniger als 1700 Unternehmen mit mehr als 500 Mitarbeitern zählt die offizielle Statistik in ganz Frankreich. In Deutschland sind es fast drei Mal so viele. Die Diagnose ist klar: Die starke Mitte fehlt.

Und das wird sich nach Ansicht von Experten so schnell auch nicht ändern. »Für einen starken gehobenen Mittelstand, wie wir ihn in Deutschland kennen, fehlt in Frankreich das Fundament«, sagt Kurt Schlotthauer. Der Deutsche, der seit fast 40 Jahren in Frankreich lebt, kennt die Tücken der Praxis. Er ist Präsident der Pariser Beratungsgesellschaft Coffra S. A., die deutsche Mittelständler begleitet, wenn sie in Frankreich eine Niederlassung eröffnen oder eine Firma übernehmen. Seine eigene Gesellschaft ist über die Jahre selbst zum starken Mittelständler gewachsen, beschäftigt 140 Mitarbeiter, darunter 120 Wirtschaftsprüfer, Steuerberater, Anwälte, Ingenieure und Informatiker. Schlotthauer bereitet bereits die Übergabe an die nächste Generation vor. Sein Sohn Christoph ist schon heute sein Partner und engster Vertrauter und soll die Geschäfte bald ganz übernehmen.

»Den Unternehmergeist haben wir eben aus Deutschland mitgebracht«, sagt Schlotthauer. Die Franzosen hätten da eine ganz andere Mentalität. Hier gelte es nicht viel, in einem mittelständischen Unternehmen zu arbeiten. »Die Eliten streben in den Staatsdienst oder zu einem Großkonzern.« Überhaupt die Eliten. Die stammen in Frankreich in der Regel aus einigen wenigen Kaderschmieden, den sogenannten Grandes Écoles wie die École Polytechnique in Paris oder die École nationale d'administration (ENA) in Straßburg.

»Für viele Bürgerkinder verläuft die Karriere geradlinig vom Kindergarten über die Eliteschulen bis hin zu einem Posten beim Staat oder im Konzern«, sagt Schlotthauer und ergänzt: »In Frankreich denkt man immer groß.«

Folglich gelten die Bedürfnisse der Kleinen nicht viel. Der Staat macht die Vorschriften. Einfluss darauf, so der Politikwissenschaftler und Ökonom Uterwedde, haben allenfalls die Großkonzerne. »Die anderen Unternehmen müssen sich fügen.« In Deutschland sei das ganz anders. Dort gebe es ein sehr selbstbewusstes Unternehmertum, das über starke Verbände mitgestaltet. »Wenn bei uns die Wirtschaft aufschreit, dann kuscht die Politik, und nicht wie in Frankreich umgekehrt«, sagt Uterwedde.

Entsprechend laut ist in Frankreich allerdings auch der Ruf nach dem Staat, wenn etwas nicht klappt. So bemühen sich Politiker immer wieder, die französische Wirtschaft vor vermeintlicher Überfremdung zu schützen. Nicolas Sarkozy etwa verhinderte noch als Finanzminister die Übernahme des französischen Konzerns Alstom durch Siemens. Und auch für die Entstehung eines starken Mittelstands fühlt sich der heutige Präsident offenbar persönlich zuständig. Jedenfalls versprach Nicolas Sarkozy in seinem Wahlkampf, er werde »dafür sorgen«, dass in seiner Regentschaft im Jahr 2000 neue mittelgroße Unternehmen entstehen. »Das allerdings«, sagt Schlotthauer, »liegt selbst in Frankreich nicht in der Macht des Präsidenten.«

Amerikanischer Individualismus

In den USA ruft, anders als in Frankreich, auch in größeren Lebenskrisen kaum jemand nach dem Staat. Grundsätzlich, daran glaubt die breite Mehrheit, ist jeder für sein Glück in erster Linie selbst verantwortlich. Das Einzelgängertum spiegelt sich in soziologischen Studien. In Untersuchungen des renommierten niederländischen Kulturwissenschaftlers Geert Hofstede erreicht kein anderes Land der Erde einen höheren Wert auf der Individualismusskala.[2] Hier sind die Rechte des Individuums, seine Selbstbestimmung und Ich-Erfahrung wichtig. Das Verhältnis zu anderen ist relativ unverbindlich, man fühlt sich vor allem für sich selbst, allenfalls für die engsten Familienmitglieder verantwortlich.

Dieser individualistische Ansatz hat entscheidenden Einfluss auf die Struktur und Kultur von Firmen in den USA. Davon ist Sabine B. Klein, Professorin für Strategie und Familienunternehmen an der European Business School, überzeugt. Ein zweiter wichtiger Faktor ist die große geografische Mobilität der Amerikaner.»In einer Gesellschaft, die viel umherzieht, in der Menschen bei einer Gehaltssteigerung das Auto, das Wohngebiet, die Schule ihrer Kinder und ihre Freunde wechseln, haben traditionsreiche Familienunternehmen eher einen geringen Stellenwert«, sagt Klein. Ein junger Amerikaner habe zum Unternehmen der Eltern so eine lose Beziehung wie zu einer entfernten Erbtante oder einer Haushälterin.»In Deutschland dagegen gehört die Firma oft zur Familie. Sie ist der Identität der Einzelnen sehr nahe.«»Drei Eltern«, so nennt es Raphael Zehetbauer, der selbst Unternehmersohn ist. Nach seiner These müssen sich deutsche Unternehmerkinder in ihrer Entwicklung nicht nur mit ihren Eltern auseinandersetzen, sondern auch mit der Firma als dem dritten, mächtigen Familienmitglied.[3]

Auch in den USA gibt es Mittelständler mit langer Tradition. Sie sind allerdings viel bestaunte Exoten. So wie die Avedis Zildjian Company in Massachusetts, deren Wurzeln bis nach Konstantinopel ins Jahr 1623 zurückreichen. Dort entdeckte der Alchemist Avedis eine Legierung aus Kupfer, Zinn und Silber, aus der sich besonders klangvolle Becken herstellen ließen. Das kräftige Scheppern vergnügte den Sultan und brachte dem Alchemisten den Namen Zildjian ein, Sohn des Beckenschmieds. Seine Nachfahren wanderten nach Amerika aus. Aus der Beckenschmiede wurde einer der führenden Schlagzeughersteller des Landes, der heute als ältestes Unternehmen der USA gilt. Heute wird Zildjian in 14. Generation von den Zwillingsschwestern Craigie und Debbie Zildjian geführt.

Solche Traditionsbetriebe, über mehrere Generationen vererbt, sind allerdings die absolute Ausnahme. Für die meisten Unternehmer in den USA gilt noch immer die Devise »grow or die«. Sie peitschen ihre Firmen zu schnellem Wachstum. Vehikel dazu ist das Geld von fremden Anteilseignern. Gelingt der Durchstart, gilt der Verkauf der Firma an ein größeres Unternehmen zum höchstmöglichen Preis als Erfolg. Noch besser ist nur der eigene Börsengang. Für traditionsreiche Familienfirmen nach deutschem Vorbild – mit viel Eigenkapital und gemächlichem, aber nachhaltigem Wachstum – blieb in diesem Wertesystem bisher wenig Platz.

Das spiegelt sich in der amerikanischen Wirtschaftsstruktur. Ein viel stärkeres Gewicht als in Deutschland haben dort die Großkonzerne. Rund 1 000 Unternehmen mit mehr als 10 000 Mitarbeitern gibt es im Land, die zusammen rund 27 Prozent der gesamten Arbeitnehmerschaft beschäftigen. In Deutschland gibt es nach Angaben des Statistischen Bundesamts nur 77 solcher Großkonzerne, die 8 Prozent aller Arbeitnehmer vereinen. Zieht man die Grenze bei mehr als 500 Mitarbeitern, so arbeiten in den USA 49 Prozent aller Arbeitnehmer bei einem Großunternehmen. In Deutschland sind es lediglich 24 Prozent.

Die kleinen und mittleren Betriebe haben in den USA nicht nur wirtschaftlich gesehen weniger Gewicht. »Sie haben auch die kleinere Lobby«, sagt Joseph H. Astrachan, Professor für Family Business an der Kennesaw State University in Atlanta, Georgia. Als Folge daraus seien sie gleich auf mehreren Gebieten diskriminiert. »Unsere Handels- und Steuergesetzte, kombiniert mit der Art, wie Banken Risiken bewerten, machen es schwer, ein mittelständisches Unternehmen in den USA zu führen«, kritisiert Astrachan. Besonders hart für Familienunternehmer sind die Regelungen zur Erbschaftssteuer. Einer Untersuchung des Zentrums für Europäische Wirtschaftsforschung zufolge betrug die durchschnittliche Erbschaftssteuer für Familienunternehmen mit mehr als 25 Millionen Euro Jahresumsatz in den USA umgerechnet 28,5 Millionen Euro.[4] In Deutschland war die Steuerlast gerade einmal halb so hoch.

Familienunternehmen in den USA haben nach Ansicht von Astrachan noch weitere Nachteile. Sie bekämen die schlechteren Konditionen bei Banken und Versicherungen und hätten oft das Nachsehen im Wettbewerb um die besten Arbeitskräfte.»Wir leben im Zeitalter des Karrierismus«, sagt Astrachan.»Da ist es wichtiger, Karriere zu machen, als eine Firma zu haben oder Arbeitsplätze zu schaffen.« Die eigene Karriere aber komme im Geschäft mit Großunternehmen am schnellsten voran. Folglich heuerten gut ausgebildete Manager vorzugsweise bei einem großen Namen an. Zudem bemühten sich Banker, Versicherungsmakler oder Händler ganz besonders darum, mit großen Firmen ins Geschäft zu kommen. Klarer Verlierer von diesem Denken sei der Mittelstand.

»Small can be beautiful«

In der Krise allerdings erlebt Astrachan ein Umdenken.»Die Menschen fangen an zu verstehen, dass das Überleben und die wirtschaftliche und soziale Stabilität nicht vom Wachstum abhängen«, sagt er.»Sie erkennen, dass auch klein schön sein kann (›small can be beautiful‹).« Ein Unternehmer könne sehr wohl Qualität und Produktivität verbessern, ohne den eigenen Marktanteil ständig auszuweiten. Er könne sich sogar bewusst gegen Wachstum entscheiden, etwa um die eigene Marke exklusiv zu machen, um höhere Gewinnmargen zu erzielen oder um die Risiken bei einem wirtschaftlichen Abschwung zu begrenzen.

Lambert T. Koch, Professor für Unternehmensgründung und

Wirtschaftsentwicklung sowie Rektor der Universität Wuppertal, berichtet von zunehmendem Interesse seiner amerikanischen und britischen Kollegen für das deutsche Mittelstandsmodell. Der Begriff »Mittelstand« etabliere sich als deutsches Lehnwort im Englischen. »Nicht wenige US-Bürger bewundern die Konstanz und Langlebigkeit sowie langfristige strategische Ausrichtung des deutschen Mittelstands«, sagt Koch. Familien, die über Generationen im Geschäft sind und sogar noch persönliche Haftungsrisiken tragen, seien derzeit große Vorbilder in den USA. »Gerade die jüngere Generation blickt fast schon sehnsüchtig auf solche Fälle. Denn die Enttäuschung über die Folgen der kurzfristigen Abzocke ist riesig, woraus sich hier und da eine Art Wirtschaftsromantik entwickeln könnte.«

Bei aller Romantik und Bewunderung für das deutsche Modell: Von einem vergleichbar starken Mittelstand sind die USA nach Ansicht von Koch allerdings noch weit entfernt. »Mittelständische Familienbetriebe im Hightech-Bereich, etwa wie die Automobilzulieferer im Bergischen Land, die mit modernsten computergesteuerten Anlagen hochpräzise Spezialteile fertigen, sind in den USA vergleichsweise selten«, sagt Koch. Wenn es um die »nachindustrielle Individualfertigung« gehe, also Hightech-Maßarbeit statt Massenproduktion, habe Deutschland die Nase vorn. Und das werde sich so schnell auch nicht ändern. Denn viele Firmen hierzulande haben nicht nur die Maschinen und die Computersteuerungen, um immer individuellere Wünsche ihrer Kunden zu erfüllen. Sie verfügen auch über eine Zutat, die sich viel schwieriger übertragen lässt: das zum Teil über Generationen gewachsene Wissen der Mitarbeiter.

Wirtschaftspolitiker aus Entwicklungs-
ländern schauen auf das deutsche Modell

Die junge Philippinerin ist mit einem klaren Auftrag nach Deutschland gekommen. »Finde heraus, wie Aachen funktioniert«, hat ihr Chef sie geheißen. Der ist Leiter einer staatlichen Entwicklungsagentur in Taguig City im Großraum Manila und hat die Domstadt im äußersten Westen der Bundesrepublik vor einigen Jahren besucht. Aachen hat das geschafft, was er sich für seine Heimat wünscht: Rund um die angesehene Universität, die jedes Jahr Tausende von Ingenieuren ausbildet, haben sich Hightech-Unternehmen angesiedelt. Die gesamte Region ist im Aufschwung. Sie wandelte sich von einer darniederliegenden Textil- und Bergbaubrache zum Zentrum für neue Technologien, von der Medizin- über die Lasertechnik bis hin zur Forschung an neuen Energien.

Für zwölf Monate ist die junge Frau, die lieber nicht mit Namen genannt werden möchte, in Deutschland, um dem geglückten Strukturwandel nachzuspüren. Eines weiß sie schon zur Halbzeit ihres Aufenthalts in Deutschland sicher: »Der deutsche Erfolg hat auf keinen Fall nur mit BMW, Mercedes und Siemens zu tun – den großen Namen, die man auch bei uns in Manila kennt.« Darüber hinaus gebe es noch Hunderte und Tausende von kleinen und mittleren Firmen, die eine zentrale Rolle spielten.

Die Philippinerin sitzt gemeinsam mit zwölf anderen jungen Asiaten in einem Besprechungsraum an der Berliner Friedrichstraße. Eine Frage- und Antwortrunde zum deutschen Mittelstand steht heute auf dem Lehrplan, den Lothar Mahnke, Geschäftsführer der privaten Agentur Regionomica, im Auftrag des Bundesministeriums für Wirtschaftliche Zusammenarbeit (BMZ) zusammengestellt hat. Seine Studenten sind Wirtschaftsförderer aus Vietnam, Indonesien und den Philippinen. In Deutschland erleben die meisten von ihnen erst einmal »den großen Aha-Effekt«, wie es Mahnke nennt. »Sie sind erstaunt, wie viele starke und hoch spezialisierte Mittelständler das deutsche Wirtschaftswunder tragen«, sagt er. »Sie hätten nicht gedacht, dass das Land von Mercedes, Siemens und der Deutschen Bank auch von so vielen vergleichsweise unbekannten Firmen lebt.« Diese Erkenntnis bringe für die Wirtschaftsförderung vor Ort ganz neue Ansätze.

Tatsächlich sind bei Entwicklungspolitikern in aller Welt in den vergangenen Jahren die kleinen und mittleren Unternehmen und somit die Familienbetriebe in den Fokus gerückt. Sowohl die UNO als auch nationale und internationale Entwicklungsorganisationen haben neuerdings verstärkt die Kleinen im Blick. Wirtschaftliche Entwicklung, so die Erkenntnis, braucht eine sehr breite Basis. Warum nicht bei vorhandenen Strukturen ansetzen?

In Entwicklungs- und Schwellenländern wie Indien oder Brasilien haben Familienunternehmen schon jetzt einen wichtigen Platz. Sie entsprechen den familial gegliederten Gesellschaften und ihren Loyalitäten. Doch meist bleiben es Kleinstbetriebe, die nur eine Familie ernähren können. Der Sprung auf nationale oder gar internationale Märkte gelingt dort bisher nur großen Unternehmen, etwa dem indischen Autobauer Tata Motors. Großunternehmen sind dort aber verhältnismäßig selten. In Deutschland finden sich dagegen Hunderte solcher Erfolgsgeschichten von Betrieben, die überregional und international agieren. Firmen wie Otto Bock, Miele, Dorma oder Trumpf sind über Generationen gewachsen, sichern Arbeitsplätze und Wirtschaftskraft in ihrer Heimat und haben sich einen führenden Platz auf den Weltmärkten erobert. So mancher Wirtschaftsförderer findet daher seine Vorbilder in Deutschland.

Der Neuorientierung der Politiker vorausgegangen ist ein Umdenken der Ökonomen.[1] Über Jahrzehnte galten ihnen Familienfirmen, speziell in Entwicklungsländern, als Hort von Vetternwirtschaft und Korruption. Starke Familien behinderten durch ihren Einfluss auf Regierende nicht nur den Wettbewerb in ihren Ländern, argumentierten sie. Sie stellten sich auch gegen eine internationale Öffnung der Märkte. Erst neuerdings betonen Ökonomen die Vorteile von Familienbetrieben für die Entwicklung von ganzen Volkswirtschaften. Und die sind durchaus facettenreich.

Inseln des Vertrauens

Erstens können gerade mittelständische Unternehmen in politisch und gesellschaftlich unsicheren Strukturen Inseln des Vertrauens und der Verlässlichkeit sein. Wo Eigentumsrechte und Verträge nicht von Staats wegen über ein stabiles Rechtssystem gesichert sind, ist das Wort eines Unternehmers doppelt wertvoll. Ein ehrbarer Name, eine Dynastie gar, die schon seit Jahrzehnten ein bestimmtes Produkt fertigt oder einen bestimmten Handel betreibt, schafft Vertrauen, das für die Geschäfte Grundlage ist.

Zweitens passt das Familienunternehmertum zu den gesellschaftlichen Werten und Strukturen in vielen Entwicklungs- oder Schwellenländern. Ob in Indien, Brasilien oder China, Familien haben einen hohen Stellenwert. Sie vererben nicht nur Wissen wie alte Handwerkstraditionen, sondern auch Werte über Generationen. Der emeritierte Harvardökonom David S. Landes kommt deshalb zu dem Schluss, dass gerade in sogenannten Entwicklungs- und Schwellenländern die Rolle der Familienunternehmen gar nicht zu überschätzen sei, da sie perfekt den familial gegliederten Gesellschaften und ihren Loyalitäten entspricht.[2]

Wie schwer die Familie bis heute etwa in Indien wiegt, lässt ein Interview mit dem Maharadscha von Udaipur erahnen.[3] Das 76. Oberhaupt der wohl ältesten Dynastie der Welt berichtet, wie Manager und Unternehmer Indiens heute bei ihm Rat suchen. »Sie fragen uns, wie man eine Familie über 1500 Jahre erhalten kann. Sie suchen nach Gründen und Rezepten für ein so nachhaltiges Überleben durch alle Zeiten hindurch.« Gleichzeitig ermahnt der Mann, der mit seiner Familie in einem märchenhaften Palast in der indischen Stadt Udaipur lebt, zu sozialem Handeln. »Die Industriellen müssen lernen, dass ihre Verantwortung über das Scheffeln von Geld hinausreicht.« Er selbst führt mit seinen Söhnen die Hotelkette HRH mit neun historischen Schlössern und Burgen. »Auch wir müssen Geld verdienen. Anders würde die ganze Pracht hier zerfallen«, erklärt er. »Also betrachte ich mich selbst als Geschäftsmann.«

Die kritische Masse

Es gibt noch einen dritten Grund, warum Familienunternehmen gerade die Volkswirtschaften von Entwicklungs- und Schwellenländern beflügeln können. Familienunternehmer bilden die kritische Masse, um den Aufschwung eines Landes zu tragen. Sie können viele kleine Erfolgsgeschichten schreiben und eine Gesellschaft unabhängiger machen vom Wohl und Wehe einiger weniger Großkonzerne. Entwicklung und Wachstum brauchen solch eine breite, kräftige Masse von Unternehmen. Kaum ein Land eignet sich als Beleg für diese These besser als Deutschland. Kein Wunder also, dass immer mehr Wirtschaftswissenschaftler und Entwicklungspolitiker auf der Suche nach Modellen den Blick auf deutsche Familienunternehmen richten. So auch der Wirtschaftshistoriker an der renommierten Princeton University, Harold James. Wenn Volkswirtschaften in Asien nach Vorbildern suchten, dann schauten sie nicht mehr auf große angloamerikanische Aktiengesellschaften. »Das war das Modell des letzten Jahrhunderts«, schreibt er.[4] Sie blickten auf die dynamischen und unternehmerischen Familienfirmen. »Die sind das Modell der Zukunft.«

UNO hofft auf Kaufleute

Auch große Entwicklungshilfeorganisationen denken um. Das Entwicklungsprogramm der Vereinten Nationen (UNDP) will einen neuen Schwerpunkt in seiner Arbeit setzen: die kleinen und mittleren Firmen von einheimischen Unternehmern. Denen, so heißt es in einem Bericht der Kommission zur Entwicklung des privaten Sektors aus dem Jahr 2004 selbstkritisch, habe man bisher zu wenig Bedeutung beigemessen.[5] Der Vorsitzende der Kommission, Kanadas damaliger Premierminister Paul Martin, fasst die zentrale Erkenntnis in anschauliche Worte:»Besuchen Sie das kleinste Dorf in dem ärmsten Land an einem Markttag und Sie werden diesen aufkeimenden Privatsektor in Aktion sehen. Die Kommission möchte die Ambitionen dieser Geschäftsleute vor Ort ins Zentrum der Weltentwicklungsstrategie stellen.«

Die Gründe für diesen neuen Fokus liegen auf der Hand: Erstens sind die Mittel des inländischen Privatsektors auch in den ärmsten Ländern noch beachtlich. Ihre Investitionen machten nach Schätzungen der Kommission in den Neunzigerjahren rund 10 bis 12 Prozent des Bruttoinlandsprodukts aus, die Investitionen der öffentlichen Hand betrugen lediglich 7 Prozent, die Direktinvestitionen aus dem Ausland zwischen 2 und 5 Prozent des Bruttoinlandsprodukts. Und zweitens könnten die eigenen finanziellen und unternehmerischen Ressourcen ein stabileres und nachhaltigeres Wachstum begründen als jede Hilfe von außen.[6]

Die klassische Entwicklungshilfe hat immer mehr Kritiker. Der kenianische Ökonom James Shikwati würde sie am liebsten sofort abschaffen.»Hilfe macht Afrika auf Dauer abhängig und redet den Menschen hier ein, dass sie ihre Probleme nicht selbst lösen können«, sagt er.[7] Erstens stütze das Geld aus dem Norden oft korrupte Regime. Und zweitens nutzten die Bedingungen, die der Internationale Währungsfonds oder die Weltbank den Staaten für ihre Hilfe auferlegten, zuallererst den Gebern, nicht den Empfängern. So flössen für jeden gezahlten Dollar aus dem Norden 1,30 Dollar als Aufträge oder Handelsgewinne für deren Firmen wieder in die industrialisierte Welt zurück. Handelsbeziehungen zwischen den Nachbarstaaten und eigener Unternehmergeist dagegen würden unterdrückt. In Ländern wie Südafrika oder Botswana, die seit Jahren

Unternehmertum vor Ort fördern, sei die Wirtschaft dagegen überproportional gewachsen.

Kredite für die Ärmsten

In Bangladesch hat die Idee eines einzigen Mannes Millionen von Menschen zu Unternehmern gemacht. Ende der Siebzigerjahre gründete Muhammad Yunus die Grameen Bank, die das gesamte System von konventionellen Banken auf den Kopf stellte. Yunus vergibt Kredite an die Ärmsten der Armen – Menschen ohne Besitz, den sie als Sicherheit hinterlegen könnten, ohne Erfahrung und ohne Ausbildung. Mit umgerechnet 1, 2 oder 10 Dollar hilft seine Bank vor allem Frauen, die bis heute 97 Prozent der Kundschaft ausmachen, bei ihrem Schritt in die Selbstständigkeit. Über sieben Millionen Kleinstkredite hat die Grameen Bank inzwischen vergeben.

Im Jahr 2006 bekam Muhammad Yunus dafür den Friedensnobelpreis. Wer ihn trifft, merkt gleich, dass er bis heute von seiner Idee beseelt ist. Den kleinen, freundlichen Mann im traditionellen Hemdkleid (Kurta) seiner Heimat umgibt eine besondere Aura. Herzlich begrüßt er seine Gäste im Besprechungszimmer eines Berliner Hotels. Er nimmt sich Zeit für jeden einzelnen, lächelt freundlich für ein Foto mit Vertreterinnen einer Entwicklungshilfeorganisation, beantwortet, trotz des Termindrucks, ruhig und zugewandt die Fragen von Journalisten. Er will seine Popularität als Nobelpreisträger nutzen, um für die Idee der Mikrokredite zu werben. Mit Unterstützung aus den Industrieländern könnten die auch in Afrika Erfolg haben, sagt Yunus. Oft reiche ein Kredit von wenigen Dollar aus, um ein Kleinstunternehmen zu starten. Mit dem Kauf eines Tonofens, einer Milchkuh oder einer Fahrradrikscha kann der Start in ein besseres, selbstbestimmtes Leben beginnen. Das Wichtigste, so Yunus, sei die Hoffnung. »Für jemanden, der arm ist, ist ein Tag so schlecht wie der andere. Zum Verzweifeln. Wenn Sie einem Armen Kredit geben, schaffen Sie Chancen und geben ihm das Gefühl, dass er selbst etwas bewegen kann. Das kann die ganze Welt bewegen.«[8]

Unternehmer mit Einfluss

Unternehmertum im größeren Stil hat die von Amerikanern gegründete Hilfsorganisation Endeavor im Fokus. Bei dem finanzkräf-
tigen Rat- und Kapitalgeber engagieren sich unter anderen der Chef
der Warner Music Group, Edgar Bronfman, E-Bay-Gründer Pierre
Omidyar und der Computerhändler Michael Dell. Gesucht werden
sogenannte High-Impact-Entrepreneurs in Entwicklungsländern.
Sie sollen Unternehmen führen, die innovativ sind, kräftig wachsen, viele Arbeitsplätze schaffen und so ihren Ländern zu steigen-
dem Wohlstand verhelfen. Mehr als 320 solcher Unternehmer mit
potenziell großem Einfluss hat Endeavor inzwischen in zehn Ländern, darunter Indien und Ägypten, ausgemacht. Endeavor bietet
ihnen Mentoren, ein Netzwerk und Kapital für ihr Wachstum.

Die ägyptische Schmuckdesignerin Fatma Ghaly ist eine von En-
deavors Entrepreneuren. Im Jahr 2006 übernahm sie das 30 Jahre
alte Unternehmen Azza Fahmy Jewelry von ihrer Mutter und treibt
seither die Internationalisierung voran. Ziel ist es, die feine, kleine
Manufaktur zu einem wettbewerbsfähigen Unternehmen auf dem
Weltmarkt zu machen. Endeavor bringt die Unternehmerinnen mit
internationalen Experten für Marketing und Franchising zusammen und verschafft ihnen Zutritt zu ausländischen Banken. Bereits
heute gehören die beiden Designerinnen zu den führenden Ge-
schäftsfrauen Ägyptens. Sie haben sechs Läden im eigenen Land sowie Vertriebspartner in den Arabischen Emiraten, Jordanien und
England. Berühmte Kundinnen für ihren opulenten Schmuck sind
Jordaniens Königin Rania und die französische Schauspielerin Catherine Deneuve. 160 Menschen arbeiteten im Jahr 2008 in Ägypten für Azza Fahmy Jewelry. Es sollen bald noch viel mehr werden.

Die Mitte fehlt

Es sind solche Erfolgsgeschichten, die die Entwicklungsländer brauchen. Sie brauchen Hunderte und Tausende von Unternehmen, die

den Sprung vom Kleinstbetrieb zum Mittelständler schaffen, die kräftig wachsen und Menschen in der Region qualifizierte Arbeit geben. Die sind in den meisten ärmeren Ländern kaum zu finden. Corinna Küsel, Expertin für privatwirtschaftliche Entwicklung bei der bundeseigenen Deutschen Gesellschaft für Technische Zusammenarbeit (GTZ), spricht von der »missing middle«. In vielen Ländern fehle das Eigentümerengagement von Unternehmern und damit die Basis für die Wirtschaft.

Die Gründe dafür sind vielschichtig. Oft ist der soziale Status von Unternehmern gering. In Vietnam etwa gilt als eher unredlich, wer mit privaten Geschäften reich wird. Gute Schüler gehen lieber in den Staatsdienst. In Afrika ist Unternehmertum aus anderem Grunde nicht besonders erstrebenswert: Wer auch nur ein wenig mehr hat als die anderen, den bitten Mitglieder der weitverzweigten Familie um Hilfe in sämtlichen Lebenslagen.

Überdies legen Regierungen Unternehmern viele Steine in den Weg. Durch übermäßige Regularien und lange Bearbeitungszeiten etwa von Firmenanmeldungen treiben sie die kleinen Betriebe in die Schattenwirtschaft. Hinzu kommt, dass die wenigen Großunternehmen vor Ort oft den direkten Draht zu den Mächtigen haben. Den nutzen sie, um sich auf Kosten potenzieller Konkurrenten Vorteile zu verschaffen.

So manche Politiker in Entwicklungs- und Schwellenländern erkennen jedoch diese Defizite. Anstatt mit aller Kraft zu versuchen, wenige Großunternehmen zu schaffen, schauen sie verstärkt auf die kleinen und mittleren Betriebe. Um die zu fördern, holen sie sich unter anderem in Deutschland Rat und Hilfe.

Um sich das Modell Deutschland genauer anzusehen, sind also auch jene 13 Asiaten gekommen, die im Besprechungszimmer an der Berliner Friedrichstraße sitzen. Seit sechs Monaten sind sie nun hier, sie haben einen Deutschkurs gemacht und Theorie über Wirtschaftsförderung gehört, sie haben Gründerzentren sowie Industrie- und Handelskammern besucht und sie werden bald ein dreimonatiges Praktikum bei einem Wirtschaftsförderer oder einer Beratung antreten. Vieles hier ist anders als in ihrer Heimat. Dass die kleinen und mittleren Unternehmen über die Kammern eine so starke Lobby hätten, habe ihn erstaunt, sagt ein junger Mann aus Vietnam. Daheim denke die Regierung eher in großen Dimensionen, auf die Kleinen nehme sie bei neuen Gesetzen und Vorschriften kaum Rücksicht.

Eine Indonesierin wünscht sich von ihrer Regierung mehr Staatshilfen für Mittelständler. Die starken Regionen in Deutschland mit vielen Unternehmen aus einer Branche, ob Maschinenbauer, Automobilzulieferer oder Computerfirmen, so etwas müsse doch übertragbar sein, sagt sie. Dass viele der deutschen Cluster über Jahrzehnte gewachsen sind, eher trotz als wegen der Einmischung des Staates und ganz ohne gigantische Subventionsprogramme[9], das mag sie nicht recht glauben. Gerade in den ehemaligen Diktaturen Asiens ist die Staatsgläubigkeit enorm groß, hat Programmorganisator Lothar Mahnke beobachtet. »Alles soll die Regierung richten«, sagt er.

So einfach geht das aber nicht. Staatliche Entwicklungsprogramme, von Beamten am Schreibtisch konzipiert, gehen häufig an den Realitäten der Gesellschaft vorbei. Vietnams Regierende zum Beispiel waren beeindruckt vom deutschen dualen Ausbildungssystem mit Theorie in der Berufsschule und Praxis im Betrieb. Das wollten sie kopieren, um ihren Mittelstand zu stützen, bauten Berufsschulen, schrieben Lehrpläne, engagierten zum Start sogar einzelne Lehrer aus Deutschland. Doch das Projekt schlug fehl. Die kleinen und mittleren Betriebe schickten keine Schüler. Die fachlich hochtrabenden Inhalte gingen an ihren Bedürfnissen vorbei. Zudem würden sie die frisch geschulten Arbeitskräfte nach der Ausbildung ohnehin verlieren – an ein größeres Unternehmen, das ihnen ein wenig mehr Gehalt bieten könnte.

Investoren aus aller Welt
zeigen Interesse

Der nette ältere Herr mit der großen, schwarz gerandeten Brille lächelt freundlich in die Kamera:»Wir wollen, dass uns die Menschen anrufen, wenn die Zeit reif ist«, sagt er. Nein, er sammelt keine Spenden für eine Hilfsorganisation. Er verkauft auch keine Lebensversicherungen. Es ist Warren Buffett, der berühmteste Firmenjäger der Welt. Der Investor aus Omaha im US-Staat Nebraska ist an mehr als 70 Unternehmen beteiligt, darunter Coca-Cola, der Konsumgüterkonzern Procter&Gamble und seit der Finanzkrise 2008 auch die US-Investmentbank Goldman Sachs sowie der Rückversicherer Münchner Rück. Auf rund 40 Milliarden Dollar – je nach aktuellen Börsenkursen – bemisst sich sein Vermögen. Er steht auf Platz zwei der reichsten Menschen der Welt, gleich nach Microsoft-Gründer Bill Gates.

Der nette Herr aus Amerika hat es nicht nur auf die großen Konzerne abgesehen. Er möchte, und das ist neu, in Familienunternehmen investieren. Seine Gesellschaft, Berkshire Hathaway, sei das ideale»zu Hause« für traditionsreiche, langfristig orientierte Familienunternehmen, sagt er. Mit dieser Botschaft ist er nach Deutschland gekommen. Diese Botschaft verkündet er in Interviews mit Zeitungen und Fernsehsendern. Und er überbringt sie ausgewählten Unternehmern von Angesicht zu Angesicht. 100 Familienunternehmer haben seine Helfer angeschrieben und in den feinen Frankfurter Union International Club geladen. Mehr als die Hälfte, so heißt es, haben die Einladung angenommen. Die Gästeliste ist streng geheim. Auch Stefan Quandt, Großaktionär von BMW, und der Privatbanker Matthias Graf von Krockow von Sal. Oppenheim seien eingeladen, munkelt man. »Falls Sie einen Investor suchen: einfach anrufen, eine E-Mail schreiben. Ich werde mich melden.« Warren Buffett und seine nur 19 Angestellten, das betont er immer wieder, sind keine Firmenfledderer, die ihre Opfer filetieren und die Teile höchstbietend weiterverkaufen. »Wir kaufen, um zu halten.« Verlässlich will er sein als Investor, genau das, was er an den Familienunternehmen schätzt. Warren Buffett spricht von »Liebesheiraten« und von langfristigen Bindungen. »Wir heiraten niemanden, um ihn zu verändern. Wir lieben die Braut so, wie sie ist.« Eine »glückliche Braut« hat er mitgebracht auf seine Europatournee. Es ist der israelische Unternehmer Eitan Wertheimer. Im Jahr 2006 kaufte Buffett ihm für 4 Milliarden Dollar 80 Prozent seiner Firma Iscar ab, die Schneidewerkzeuge für computerisierte Drehbänke produziert. Er machte die Wertheimers damit zur reichsten Familie Israels. »Von Warren bekommst du viel mehr als Geld«, sagt Eitan Wertheimer heute. »Du bist Teil eines einzigartigen Ganzen.« Und Warren Buffett wünschte sich noch viel mehr Puzzleteile in seinem Investmentportfolio. Deshalb war er im Mai 2008 nach Europa gekommen. Er hat in Madrid, Lausanne und Mailand Station gemacht – und in Frankfurt. Deutschland ist für den Investor aus Omaha besonders interessant. Nirgendwo anders gibt es einen so starken Mittelstand. Rund 10 000 Unternehmen erwirtschaften hierzulande einen Jahresumsatz von über 50 Millionen Euro. Der größte Teil davon ist in Familienbesitz. Hunderte von Unternehmern suchen nach einem geeigneten Nachfolger, auch außerhalb der eigenen Familie. Sie sollen an den freundlichen Herren aus den USA denken, der, wie er sagt, fasziniert ist von deutscher Technik und Wertarbeit.

Damit steht Warren Buffett allerdings nicht allein. Nicht nur Produkte und Dienstleistungen »Made in Germany« sind gefragt in der Welt. Auch die Unternehmen, die sie herstellen, sind begehrt. Investoren aus aller Welt haben längst ein Auge auf deutsche Familienunternehmen geworfen. Besonders im gehobenen Mittelstand finden sie, was sie suchen: Hoch innovative, wachstumsstarke Unternehmen, solide finanziert und auf den Weltmärkten zu Hause. Hunderte von in der Öffentlichkeit kaum bekannten Technologieführern gibt es im Land, die in ihren Nischen die Weltmärkte beherrschen. Sie sind begehrte Übernahmekandidaten für Firmen aus den USA, China oder Indien. Auf sie haben es auch internationale Investoren wie Warren Buffett mit ihren Private-Equity-Gesellschaften abgesehen.

Konkurrenz aus Frankreich

Kaum hatte Buffett Deutschland verlassen, sprang auch schon ein Investor aus Frankreich in sein Fahrwasser. Auch er sei an deutschen Familienunternehmen interessiert, verkündete der Chef der Pariser Beteiligungsfirma Wendel, Jean-Bernard Lafonta, in Interviews.[1] Nur sei er netter und eben europäischer als die Konkurrenz aus Amerika. »Ich glaube, dass es eine kontinentaleuropäische Kultur des Wirtschaftens gibt, man braucht hier mehr Stabilität und mehr Zeit«, sagte er und zog Parallelen zwischen seiner Firma und den gesuchten Kaufgelegenheiten. Wendel habe eine lange Geschichte, sei lange Zeit selbst ein familienbestimmtes Unternehmen gewesen und daher »sehr ähnlich den Unternehmen, die wir in Deutschland suchen«. Rund 3 Milliarden Euro könne Wendel in den kommenden Jahren in Deutschland ausgeben. Interessiert sind die Franzosen an Firmen, die zwischen 500 Millionen und 1,5 Milliarden Euro wert sind. Und Lafonta ist zuversichtlich: »Es gibt 2500 solcher Unternehmen in Deutschland, da werden wir schon eine Familie finden, die verkaufsinteressiert ist.«

Bei der Suche hilft den Franzosen seit Anfang 2008 ein ehemaliger Topmanager der Deutschen Bank. Roland Lienau war dort über Jahre Co-Chef für das Geschäft mit heimischen Aktienemissionen und einer der ranghöchsten Investmentbanker der Deutschen Bank am Frankfurter Stammsitz. Nun lässt er seine Kontakte für die Franzosen spielen und sucht interessante Einstiegsgelegenheiten.

Aufgrund der Turbulenzen an den internationalen Kapitalmärkten, die sich erst zu einer weltweiten Finanz-, dann zu einer tiefen Krise der Realwirtschaft auswuchsen, dürfte er bei seiner Suche vorübergehend eine Zwangspause eingelegt haben. Investoren sind selbst in den Strudel der Krise geraten. Der Grund: Sie finanzierten einen Großteil ihrer Geschäfte über Kredit, setzten nur einen kleinen Anteil an eigenem Kapital ein. Dieses Geschäftsmodell ist für gute Zeiten gemacht, es braucht kräftige Wertzuwächse bei den Beteiligungsunternehmen.

Finanzinvestoren in Bedrängnis

Was passiert, wenn diese Wertzuwächse ausbleiben, zeigt das Beispiel des Autozulieferers Edscha. Das Remscheider Unternehmen war jahrelang Weltmarktführer bei Scharnieren, setzte zuletzt mit knapp 7000 Mitarbeitern 1,1 Milliarden Euro um. Im Jahr 2002 übernahm eine Investorengruppe rund um den Finanzinvestor Carlyle die Mehrheit. Im Februar 2009 meldete Edscha für die Standorte in Europa Insolvenz an. Betroffen sind 4200 Mitarbeiter, 2300 davon in Deutschland. Der Grund hierfür: Liquiditätsschwierigkeiten. Angesichts von Umsatzeinbrüchen in der Krise konnte das Unternehmen die Kredite nicht mehr bedienen, die ihm die Investoren aufgebürdet hatten.

Unter rückläufigen Umsätzen und Gewinneinbrüchen leiden viele Firmen in der Krise. Viele Familienbetriebe, die solide finanziert sind, können die Einbußen abfedern.»Unser Geschäft war schon immer zyklisch«, sagt etwa Nicola Leibinger-Kammüller, die Geschäftsführerin des Werkzeugmaschinenbauers Trumpf.»Wir haben auch schon andere Krisen überstanden.« Sie hofft auf Besserung im Jahr 2010.

Das können sich Unternehmen mit Finanzinvestoren nicht unbedingt leisten. Sie sind oft hoch verschuldet, weil die neuen Eigentümer die Kosten für ihre Beteiligung an sie weitergereicht haben. Ein gängiges Modell dazu funktionierte so: Für die Beteiligung der

Investoren wird eine neue Gesellschaft, ein sogenanntes Erwerbervehikel, gegründet. Darin zahlen die Private-Equity-Gesellschaft sowie unter Umständen auch Manager, die sich am Unternehmen beteiligen wollen, Geld ein – allerdings deutlich weniger als den eigentlichen Kaufpreis. Der Rest wird über Bankkredite gehebelt. Ist der Kauf vollzogen, wird die Erwerbergesellschaft mitsamt ihrer Schulden mit dem gekauften Unternehmen verschmolzen.

Läuft das Geschäft in den Folgejahren gut, können die Kredite bedient werden. Dann kann das Kalkül der neuen Besitzer aufgehen. Sie versuchen, durch Verbesserungen im Management das Geschäft rentabler zu machen und das Unternehmen nach einigen Jahren mit einem kräftigen Preisaufschlag zu verkaufen.

In der Krise ist dieses Modell allerdings sehr anfällig. Zu stark verschuldete Unternehmen haben keine Reserven, um den Einbrüchen zu trotzen. Sie schlittern in die Pleite, wenn die Investoren kein weiteres Kapital aufbringen. Oft können sie das aber gar nicht mehr. Denn Banken sind inzwischen kaum noch bereit, die Finanzinvestoren mit weiteren Krediten zu unterstützen.

Kein Wunder, dass die Stimmung der Private-Equity-Finanziers auf ihrem jährlichen Branchentreffen in Berlin im Februar 2009 düster war. Der Name des Treffens, »Super Return«, taugte nur für zynische Scherze. Angesichts von Pleiten und Beinahepleiten ihrer Portfoliounternehmen sind die Renditen der Fonds auf absehbare Zeit alles andere als »super«. Entsprechend geläutert sind die Kommentare einiger Finanziers. »Jetzt lernen alle, dass vorher zu viel Verschuldung im System war«, sagte etwa Roland Lienau vom französischen Investor Wendel, der ehemalige Co-Chef des Aktiengeschäfts bei der Deutschen Bank.[2] Das System kreditfinanzierter Milliardenübernahmen funktioniere in schlechten Zeiten nicht.

Warten auf Einstiegspreise

Die Krise macht also auch den Investoren aus aller Welt zu schaffen, ändert aber nichts an ihrem grundsätzlichen Interesse für solide deutsche Familienbetriebe. Die Kassen vieler Fonds sind noch gefüllt. Sie warten, bis ein Ende der schlechten Nachrichten absehbar ist, um bei »Einstiegspreisen« zuzugreifen. Firmeninvestoren aus dem Ausland kehren zunächst vor ihrer eigenen Tür, werden aber, wenn Besserung in Sicht ist, mit ihrem Werben um deutsche Mittelständler fortfahren.

Davon ist auch Norbert Winkeljohann, Vorstandsmitglied und Mittelstandsexperte bei der Wirtschaftsprüfungsgesellschaft PricewaterhouseCoopers (PwC), überzeugt. »Wir erleben eine Pause im Akquisitionsverhalten«, sagt er. »Grundsätzlich hat der Käuferandrang auf deutsche Familienunternehmen in den vergangenen Jahren aber stetig zugenommen.« Auch kleinere Unternehmen bekämen oft zu ihrer eigenen Überraschung Kaufangebote aus dem Ausland. Die Investoren setzen entweder auf gesunde Unternehmen mit solider Eigenkapitalbasis und reichlich Liquidität, die eine kontinuierliche Wertentwicklung aufweisen. Oder sie steigen bewusst in kriselnde Unternehmen ein. Bei manchen Unternehmen hofften sie, nach Verbesserungen im Management durchstarten zu können. Bei anderen versuchen sie, stille Reserven zu heben.

Schlüssel zu neuen Märkten und Technologien

Warum Investoren aus dem Ausland ausgerechnet nach Deutschland schauen, kann Kai Lucks erklären. Er ist Vorsitzender des Bundesverbandes Mergers & Acquisitions und für die Integration von übernommenen Firmen bei Siemens zuständig. Deutsche Familienunternehmen seien für die ausländischen Interessenten der Schlüssel zu »internationalen Führungssystemen«, wie er es nennt. Viele sind in ihren Nischen auf dem Weltmarkt stark. Sie haben Vertriebs- und Einkaufsorganisationen oder Produktionsstätten in unterschiedlichen Ländern – ob in West- oder Osteuropa, Asien oder Lateinamerika. Und damit haben sie genau das, was Investoren aus den USA und China allzu oft fehlt. »Sie verfügen über internationale Strukturen, deren Aufbau viele Jahre dauert«, sagt Lucks.

Hinzu kommen zwei weitere grundlegende Vorteile von vielen deutschen Familienunternehmen. Sie sind, erstens, in ihren Technologien oft weltweit führend. Wegen der hohen Löhne in Deutschland blieb den Firmen in den vergangenen Jahrzehnten gar nichts anderes übrig, als ihre Mitarbeiter besonders produktiv zu machen. Dazu investierten sie in effiziente Prozesse und neueste Technologien. Und zweitens haben die Firmen dank ihrer langfristigen Orientierung oft über viele Jahre einen Wertezuwachs realisiert. Solche Familienunternehmen sind keine Sternschnuppen, die nach kurzem Glanz verglühen. Bei ihnen können Investoren auf nachhaltigen Erfolg hoffen. »Das alles macht Deutschlands Familienunternehmen für Investoren aus dem Ausland hoch interessant«, weiß der M&A-Spezialist Lucks.

Interessenten aus den Schwellenländern

Potenzielle Investoren kommen längst nicht mehr nur aus den reichen Industriestaaten. In den vergangenen Jahren wurde eine neue Käufergruppe auf dem Übernahmemarkt immer aktiver: Unternehmen aus aufstrebenden Schwellenländern wie Brasilien, Russland, Indien und China. Aus deren Anfangsbuchstaben schuf die Investmentbank Goldman Sachs den Namen »BRIC«. Deutsche Mittelständler sind bei den Käufern aus den BRIC-Staaten besonders begehrt. Forscher des Zentrums für Europäische Wirtschaftsforschung haben mehr als 200 Finanzmarktexperten unter anderem nach der Motivation für Investoren aus den Schwellenländern gefragt.[3] Als treibende Kraft für Käufe in Deutschland sah die knappe Mehrheit der Experten (51 Prozent) die Akquise von Know-how, sprich Wissen und Technologie. Der Zugang zum deutschen Markt ist ein weiterer wichtiger Grund, den 41 Prozent der Befragten nennen. Die klassische Begründung von Fusionen, die Erzielung von Größenvorteilen, spielt dagegen eine untergeordnete Rolle (8 Prozent).

Auf drei Branchen werden sich die Investitionen von Unternehmen aus BRIC-Ländern in Deutschland der Studie zufolge künftig konzentrieren: den Maschinenbau, die IT-Branche sowie die Bereiche Energie/Rohstoffe/Stahl. Speziell in den ersten beiden Bereichen sind Mittelständler hierzulande stark.

M&A-Spezialist Kai Lucks erwartet in den kommenden Monaten verstärktes Interesse von Investoren vor allem aus China. »Trotz Krise werden die Chinesen ihre Übernahmeaktivitäten im Ausland massiv verstärken«, sagt Lucks. Allein für 2009 seien ihm fünf große Übernahmevorhaben im Milliardendollarbereich bekannt, die in Richtung Deutschland geplant seien. Zudem stünden Hunderte technologisch führender Mittelständer im Land – ob Maschinenbau, Elektrotechnik oder Automobilzulieferung – im Fokus chinesischer Investoren.[4]

Einige dieser Mittelständler, die stark aufgestellt und gut finanziert sind, wollen die sinkenden Preise in der Krise nutzen, um selbst zuzukaufen. Zum Beispiel der Türenhersteller Dorma aus Ennepetal im Sauerland. Schon seit Jahren wächst der Weltmarktführer für Türschließtechnik und Glasbeschläge durch Zukäufe in kleinen, verdaulichen Häppchen (vergleiche Portrait »Der Gemütliche«).

Auch der Chef und Eigentümer des Prothesenbauers Otto Bock, Hans Georg Näder, hält gerade in Krisenzeiten Ausschau nach interessanten Zukäufen. Seine Eigenkapitalquote liegt wie diejenige von Dorma bei komfortablen 59 Prozent. Familienunternehmen wie seines, davon ist Näder überzeugt, werden gestärkt aus der Krise hervorgehen (vergleiche auch Porträt «Der Lebensfrohe«).

Vorteil für strategische Investoren

Für kaufwillige Unternehmen aus dem In- und Ausland hat die Krise zweifelsohne einen Vorteil: Sie werden von privaten Beteiligungsgesellschaften, die Probleme mit der Refinanzierung haben, seltener ausgestochen als zuvor. »Jetzt kommt die Zeit der strategischen Investoren«, sagt Brun-Hagen Hennerkes, Rechtsanwalt und Gründer der Stiftung Familienunternehmen. Die strategischen Investoren setzen anders als Finanzinvestoren nicht primär auf laufende

Erträge und Wertsteigerungen durch den zügigen Verkauf ihrer Beteiligungen. Sie gehen längerfristige Verbindungen ein, wollen häufig ihr eigenes Geschäft sinnvoll ergänzen. Zu den strategischen Investoren gehören zunehmend auch Familien, die große Summen über sogenannte Family Offices anlegen.

Bisher leiteten viele Familien ihr Geld an Finanzinvestoren weiter, die sich um die Anlage kümmerten. Heute nehmen immer mehr Clans ihre Investments selbst in die Hand und machen dadurch Private-Equity-Firmen und Hedgefonds Konkurrenz. So manchem Unternehmer sind die Familieninvestoren lieber als renditehungrige Fondsverwalter. »Sie haben mehr Gespür für die Bedürfnisse von Familienbetrieben«, sagt Anwalt Hennerkes. »Sie denken langfristiger, sind nicht auf einen schnellen Ausstieg gepolt.«

An Finanzkraft mangelt es den Familieninvestoren auch in der Krise nicht. Einige haben mehr Geld anzulegen als viele Fonds. Zum Beispiel die Zwillingsbrüder Andreas und Thomas Strüngmann. Sie verkauften ihr Unternehmen, den Generikahersteller Hexal, im Jahr 2005 für 5,6 Milliarden Euro an den Schweizer Novartis-Konzern und mischen jetzt kräftig auf dem Beteiligungsmarkt mit. Sie haben Anteile an der Immobiliengesellschaft IVG gekauft, beteiligten sich am kränkelnden Solarunternehmen Conergy und sind bei einer ganzen Reihe von Biotech-Firmen engagiert. Ihr Interesse ist nach eigenem Bekunden ein langfristiges. Sie wollen Familiengesellschaften helfen, sich zu entwickeln, etwa auf Märkten im Ausland Fuß zu fassen.

Mit den Unternehmern, bei denen sie investieren, teilen die Strüngmanns einen ähnlichen Erfahrungshorizont. Sie selbst haben Hexal gegründet und groß gemacht, waren mehr als 20 Jahre als Familienunternehmer aktiv. Verkauft haben sie letztlich auch, um Streitereien der Erben zu vermeiden. »Hexal war eine große Einheit, ein Straußenei«, erklärte Andreas Strüngmann. »Um das unter sechs Kindern aufzuteilen, hätten wir es zerschlagen müssen. Deshalb war unser Plan, aus dem Straußenei viele Hühnereier zu machen, da die sich leichter verteilen lassen.«[5]

Bei ihren Investitionen schauen die beiden Endfünfziger nun vor allem auf die Persönlichkeiten an der Spitze. »Wir investieren immer nur in Menschen, nicht in Firmen«, sagt Andreas Strüngmann. Denn der unternehmerische Geist bringe letztlich den Erfolg – nicht ein gutes Produkt allein. Deshalb bemühen sich die Brüder nach eigenem Bekunden auch, »durch Vertrauen und Eigenverantwortung« zu führen, anstatt wie Konzerne tendenziell durch Kontrolle. So mancher Familienunternehmer, der nach Geld für die Expansion oder potenziellen Nachfolgern sucht, wird das gern hören. Er gibt Investoren wie den Strüngmanns, dem ehemaligen Industriellen Otto Happel oder dem Mitgründer von SAP, Dietmar Hopp, sicher den Vorzug gegenüber Private-Equity-Häusern wie Kingsbridge. Die Briten gerieten zuletzt mit der Pleite des Modelleisenbahnherstellers Märklin in die Schlagzeilen. Und da machte der von ihnen eingesetzte Chef, Mathias Hink, keine gute Figur. Millionen zahlte er an externe Berater unterschiedlicher Firmen, nur um mit dem hoch verschuldeten Betrieb anschließend doch in die Insolvenz zu geraten. Der Ruf der unbeliebten »Heuschrecken« dürfte sich dadurch in Deutschland kaum verbessert haben.

Finanzinvestoren schwenken um

Die Finanzinvestoren aus dem In- und Ausland passen ihr Geschäftsmodell derweil an die Krise an. Sie setzen verstärkt auch auf Minderheitsbeteiligungen an Firmen, anstatt immer selbst die Kontrolle anzustreben. Firmenaufkäufer Henry Kravis, Gründer des Private-Equity-Riesen KKR, verkündete den Strategiewechsel auf dem Berliner »Super Return«-Treffen. Problematisch dürfte allerdings besonders für einen großen Fonds wie seinen die Betreuung vieler kleinerer Engagements werden.

Private-Equity-Firmen wie 3i haben mit Minderheitsbeteiligungen schon länger Erfahrung. Der etablierte Finanzinvestor steckt pro Jahr rund 1 Milliarde Euro als sogenanntes Growth Capital in Minderheitsbeteiligungen von Firmen in aller Welt. Deutschland mit seinen vielen Familienunternehmen ist ein Schwerpunkt des Geschäfts. Hier finanzierte 3i unter anderem die Expansion der Johann Heinrich Bornemann GmbH. Das 1853 gegründete Familienunternehmen ist Weltmarktführer für Öl- und Gaspumpen mit spezieller Schraubenspindeltechnologie. Seit dem Einstieg von 3i im Jahr 1997 stieg der Umsatz jährlich um 14 Prozent. Zuletzt wurden Niederlassungen in China und Kanada eröffnet.

Auch Unternehmer wie Dirk Roßmann haben mit Minderheitsgesellschaftern gute Erfahrungen gemacht. Der Drogist hält weiter die Mehrheit an seinem Unternehmen, konnte sich aber dank der Finanzspritze von Investoren auf dem hart umkämpften deutschen Markt behaupten. So mancher Investor hat allerdings ein anderes Kalkül. »Minderheitsanteile können auch ein Türöffner sein, um irgendwann ein Unternehmen ganz zu übernehmen«, sagt etwa Stefan Theis, Vorstand des Berliner Finanzinvestors Capiton. Schließlich gebe es in Deutschland Hunderte von unternehmergeführten Firmen mit Umsätzen von 50 Millionen Euro und mehr, denen geeignete Nachfolger fehlen. »Zahlreiche dieser Unternehmer wollen ihr berufliches Lebenswerk mit einem Verkauf im Rahmen einer geeigneten Nachfolgelösung krönen. Dieser soll möglichst geräuschlos und eingebunden in ein glaubwürdiges Gesamtkonzept erfolgen.« Capiton gibt deshalb nicht nur Geld in Wachstumsphasen, sondern organisiert für Unternehmer auch diskret den Ausstieg. Meist bleibt das bisherige Management im Amt, sodass sich für die Beschäftigten und Betrachter von außen nur wenig ändert, obwohl die Eigentümer wechseln.

Als Türöffner für eine weitere Zusammenarbeit kann sich seit neuestem auch Großinvestor Warren Buffett Minderheitsbeteiligungen vorstellen – in größerer Dimension, versteht sich. Gerne könnten sich interessierte Familienunternehmer bei ihm melden. Voraussetzung allerdings, um mit dem Amerikaner ins Geschäft zu kommen, ist eine gewisse Größe. 50 Millionen Euro im Jahr sollte ein Unternehmen schon machen – nicht Umsatz, sondern Gewinn vor Steuern. Buffett gibt lieber viel Geld auf einmal aus, wenn es sein muss auch für Anteile als Minderheitsgesellschafter. Zu viele kleine Investments kann er mit seinem kleinen Team gar nicht verwalten.

Viel Aufhebens macht er um einen einzelnen Kauf ohnehin nicht – auch wenn er, wie im Fall des eingangs erwähnten israelischen Unternehmers Eitan Wertheimer, 4 Milliarden Dollar ausgibt. Der Mann gefiel ihm, sein Geschäft auch. So etwas entscheidet Buffett aus dem Bauch heraus. Er hat kein Heer von Anwälten, schickt keine Armada von Wirtschaftsprüfern zur »Due Diligence«. »Das Prinzip muss stimmen, der Preis angemessen sein«, sagt Buffett. Auf 1 Prozent mehr oder weniger kommt es ihm nicht an, sagt er. Das gleiche sich aus über die Jahre.

Nicht jeden deutschen Familienunternehmer kann die Investorenlegende aus Omaha mit solchen Geschichten beeindrucken. Hans Riegel lässt das Werben des Amerikaners kalt. Er ist selbst eine Legende. Seit über einem halben Jahrhundert leitet er den Bonner Goldbärenkonzern Haribo. Auch mit 85 Jahren steht er noch voll im Geschäft. Kinder hat er keine. Einen Nachfolger auch nicht. Trotzdem lehnte er eine Kaufofferte von Warren Buffett dankend ab. Er will sein Unternehmen einer selbst gegründeten Stiftung in Österreich vermachen. Das aber, findet der Herr über Goldbären, Lakritzschnecken und Maoam, hat noch viel Zeit. Ausgerechnet einen Finanzinvestor aus den USA nennt er als Vorbild: Kirk Kerkorian stehe auch noch voll im Beruf, mit 91 Jahren.

Wirtschaftswunder 2010

Die Grabreden für Deutschlands Familienunternehmer waren schon geschrieben. Zwischen globalen Weltkonzernen und angriffslustigen Newcomern, das galt als ausgemacht, hätten sie keinen Platz. Überkommen schienen ihre beschaulichen Firmenstrukturen. Familienbande und Loyalitäten, über Generationen gewachsen, wollten nicht passen in die sprunghaften Zeiten der Globalisierung. Doch die Wirklichkeit straft die Pessimisten Lügen. Das hat dieses Buch gezeigt. Produkte und Dienstleistungen von deutschen Patriarchen sind weltweit gefragt. Backöfen, Dampfgarer und Waschmaschinen von Carl Miele und seinen Erben verkaufen sich von New York über Dubai bis Sydney. Babykost von Claus Hipp aus Pfaffenhofen an der Ilm kommt auch bei osteuropäischen Kindern bestens an. Hightech-Prothesen von Otto Bock aus Duderstadt helfen Kriegsveteranen in aller Welt.

Begehrt sind nicht nur die Produkte der Familienbetriebe, sondern auch die Unternehmen selbst. Investoren aus anderen Industrieländern, aber auch aus Schwellenländern wie China und Indien, zeigen zunehmend Interesse, sich bei traditionsreichen Firmen in Deutschland einzukaufen. Besonders im gehobenen Mittelstand finden sie, was sie suchen: hoch innovative, wachstumsstarke Unternehmen, solide finanziert und auf den Weltmärkten zu Hause.

Mit wachsendem Interesse und teils neidischen Blicken schauen, wie im letzten Teil des Buches beschrieben, inzwischen auch Politiker aus dem Ausland auf Deutschlands Mittelstand mit seinen starken Familienunternehmen. Frankreichs Führung träumte jahrelang von nationalen Champions in der Großindustrie, räumt aber inzwischen Schwächen in der eigenen Wirtschaftsstruktur ein. Es fehle die gehobene Mitte von Unternehmen, die Deutschland so stark macht, diagnostizieren Experten wie Politiker. Auch die einst größenverliebten Amerikaner lernen in der Krise die kleinen und mittleren Unternehmen schätzen. Schnelles Wachstum und der Gang an die Börse sind nicht mehr alles – »small can be beautiful«. Werte wie Tradition, Kontinuität und Nachhaltigkeit erleben eine Renaissance.

Die kleinen und mittleren Unternehmen, von Familien getragen, sind auch in der Entwicklungspolitik ins Interesse gerückt: Neuerdings haben sowohl die UNO als auch nationale Entwicklungsorganisationen verstärkt die Kleinen im Blick. Sie könnten eine breite Basis für einen wirtschaftlichen Aufschwung bilden, glauben Experten. So mancher Wirtschaftsförderer findet da seine Vorbilder in Deutschland.

Selbst hierzulande schauen inzwischen Großkonzerne bei den Kleinen ab, um das Vertrauen ihrer Mitarbeiter und Kunden zurückzugewinnen. Familienbetrieben gelingt es oft besser, den Angestellten einen Sinn in ihrer Tätigkeit zu vermitteln. Sie sind glaubwürdiger nach innen und nach außen.

Wertewandel in der Wirtschaftswelt

Im Wettbewerb der Systeme – Familien versus Börse – haben die Familienunternehmen also nicht nur ihren Platz behauptet. Sie sind zum Vorbild geworden. So haben sie einen grundlegenden Wandel in der Wirtschaftswelt angestoßen: den Wandel der Werte. Über Jahrzehnte waren es die Großkonzerne, die das Wertesystem dominierten. Sie prägten die neuen Trends, vom Kult der Veränderung über die Begeisterung für Fusionen und Größe bis hin zum Primat der Effizienz über alte Loyalität zu Standorten und Mitarbeitern.

Fälle von Korruption und Misswirtschaft in großen Konzernen wie Siemens haben das Vertrauen der Bevölkerung in deren Werte angekratzt. Skandale um Konzernvorstände wie den Postchef Klaus Zumwinkel, der Steuern hinterzog, trübten es weiter. Die Finanzkrise schließlich, die quasi über Nacht Milliardenwerte an den Börsen vernichtete, stürzte den Kapitalismus aktueller Prägung endgültig in die Krise.[1]

Ausgerechnet die Familienunternehmen, von Börsenfans einst als aussterbende Spezies belächelt, weisen nun den Weg aus dieser Vertrauenskrise. Sie sind wirtschaftlich so stark, dass sie auch vorübergehende Auftragseinbrüche verkraften. Deutschlands Familienunternehmen haben die Kraft und die historische Chance, einen nachhaltigen Wertewandel in der Wirtschaftswelt zu begründen. Es entsteht, geprägt von Deutschlands Mitte mit seinen starken Familienunternehmen, ein neues Wertesystem für die gesamte Wirtschaft. Sieben Eckpfeiler zeichnen dieses Wertesystem aus:

Erstens ändert sich in der Wirtschaftswelt von morgen die Perspektive: Der Blick wird weiter, langfristiger. Vorbei sind die Zeiten des Quartalsdenkens. Spätestens die internationale Finanzkrise hat gelehrt, dass Shareholder-Value, gespiegelt im täglichen Auf und Ab der Börsenkurse, nicht alles ist. Die Wirtschaftsführer der Zukunft haben einen längeren Atem. Sie denken in Jahrzehnten, manche sogar in Generationen. Entsprechend nachhaltiger wird ihr Risikoverhalten. In der Diskussion um die Höhe der Vergütung von Managern zeichnet sich bereits ein Umdenken ab. Konzerne deckeln die Boni, wollen sie weniger als bisher an kurzfristige Erfolge koppeln. Die Botschaft nach innen und außen ist klar: Wir wollen nachhaltige Geschäfte, keine Strohfeuer.

Zweitens erfahren die Werte Vertrauen und Verlässlichkeit ein Comeback. Erfolgreiche Unternehmen der Zukunft wollen verlässliche Partner sein, für ihre Kunden, für ihre Zulieferer, aber auch für ihre Mitarbeiter. Die Zeiten des Hire and Fire gehen ihrem Ende zu. Angesichts des immer dramatischeren Fachkräftemangels können es sich Firmen schon bald nicht mehr leisten, ihre Mitarbeiter vor allem als Kostenfaktoren zu betrachten. Immer entscheidender auch für ihren eigenen Geschäftserfolg wird der »Wohlfühlfaktor«

für die Mitarbeiter. Deshalb macht die nachhaltige Personalpolitik von vielen Familienunternehmen jetzt Schule: Selbst in Zeiten sinkender Aufträge versuchen sie, Kündigungen zu vermeiden. Sie sind für ihre Mitarbeiter lieber verlässlich, als allein die kurzfristigen Gewinne zu maximieren.

Bunte Vielfalt statt Prototypen

Drittens wird die Wirtschaftswelt der Zukunft bunter und individueller. Für erfolgreiche Familienunternehmen gibt es keine Prototypen. Die Persönlichkeiten an ihrer Spitze zeichnen sich vor allem durch ihre Vielfalt aus. Jede Person hat ihre Eigenarten, genau wie das Unternehmen. In Großkonzernen wurden Manager in der Vergangenheit immer grauer, immer stromlinienförmiger. Vor allem angepasste Charaktere mit geschliffenem Auftreten und eingeübter Rhetorik schafften es in die Chefetagen. Der Erfolg der Bunteren begründet jetzt das Umdenken. Wer Kunden wie Konkurrenten überraschen möchte, braucht Mut zum Unkonventionellen. Er wird künftig mehr Verschiedenheit wagen.

Viertens werden Unternehmen durchlässiger, weniger hierarchisch. Gute Ideen müssen gehört und umgesetzt werden, egal aus welcher Ebene sie kommen. In Konzernen gibt es dafür immer noch viele Hürden. Viele Familienunternehmen dagegen haben relativ kurze Entscheidungswege und durchlässige Strukturen. Das macht sie wendiger im Wettbewerb und offen für Innovationen.

Fünftens entdecken erfolgreiche Firmen der Zukunft wieder ihre Wurzeln. Die Zeiten des gefeierten Nomadentums sind vorbei. Standorte rund um den Globus sind eben nicht austauschbar. Heimeligkeit hat Wert. Sie schafft Vertrauen, zeigt Kontinuität. Qualifizierte Mitarbeiter bleiben, aller Gegenrede zum Trotz, an Orte gebunden. Menschen schlagen Wurzeln. Familienunternehmen konnten das schon bisher für sich nutzen. Sie boten verlässliche Arbeitsplätze, nicht selten über Generationen hinweg, und bekamen dafür loyale Mitarbeiter.

Sechstens ist bei den Unternehmen des 21. Jahrhunderts Kooperation Trumpf. Netzwerke schaffen, heißt der Schlüssel zum Erfolg. Unternehmen jeder Größe profitieren von der Zusammenarbeit mit Partnerfirmen und Konkurrenten. Die Anforderungen an Produkte sind so speziell, die Technologien ändern sich so rasant, niemand kann mehr alles allein machen. Viele kleine und mittlere Familienunternehmen in Deutschland haben das längst erkannt. Sie sind eingebunden in regionale Netzwerke, die sie im weltweiten Wettbewerb um Innovationen, neue Märkte und Fachkräfte stärken.

Siebtens schließlich gelingt der Brückenschlag zwischen Tradition und Moderne. Deutschlands starke Familienunternehmen pflegen schon heute ihren eigenen Stil. Sie müssen nicht jedem Trend nachlaufen. So wird, anders als in so manchem Großkonzern, Veränderung nicht zum Selbstzweck. Sie strukturieren ihre interne Organisation nicht ständig irgendwo um, schaffen neue Abteilungen, um alte zu schließen oder die Arbeit an ferne Outsourcingspezialisten zu übergeben. Tradition macht gelassen, auch gegenüber neuen Moden in der Organistions- und Managementlehre.

Erfolgreiche Familienunternehmer im Land leben die neuen Werte bereits vor: Sie haben langfristige Ziele im Blick, sind verlässlich für Mitarbeiter und Kunden, fördern Individualität, sind offen für Ideen, in ihrer Heimat verwurzelt, kooperationsfreudig und traditionsbewusst. Das macht sie stark im In- und Ausland. Sie beherrschen, wie der Hersteller von Türen und Fassadensystemen Dorma, Spezialmärkte rund um die Welt. Sie sind unangefochtene Innovationsführer mit einem Produkt, wie zum Beispiel Otto Bock mit seiner elektronisch gesteuerten Beinprothese C-Leg. Sie überzeugen Kunden wie der Babykosthersteller Hipp durch ihre Verlässlichkeit. Und sie genießen wie der Maschinenbauer Trumpf aus Ditzingen oder der Schuhhändler Deichmann aus Essen ganz besonderes Vertrauen bei ihren Mitarbeitern.

Rund 60 Jahre nach dem Wirtschaftswunder, um das uns die Welt beneidete, gibt es ein neues Erfolgsmodell »Made in Germany«: Deutschlands Familienunternehmertum. Es genießt längst internationales Ansehen und ist auf dem besten Weg zum Exportschlager – kopiert von aufstrebenden Ländern in Asien und den einst unangefochtenen Industriestaaten, die jetzt gegen ihren Abstieg in die zweite Liga kämpfen. Deutschlands Familienunternehmer haben das ökonomische Gewicht, um das Land aus der Krise zu führen. Mehr als das: Sie begründen eine neue Kultur des Wirtschaftens und liefern damit die Grundlage für einen nachhaltigen Aufschwung in Deutschland – für ein Wirtschaftswunder 2010.

Dank

Sehr viele Menschen haben geholfen, dass dieses Buch erscheinen konnte. Mein Dank gilt all jenen, die in den vergangenen Monaten Ideen und Anregungen geliefert und meine Recherchen durch ihre Expertise bereichert haben, vor allem Ann-Kristin Achleitner, Patrick Adenauer, Joseph Astrachan, Frank Behrendt, Josef Düren, Torsten Groth, Wilhelm von Haller, Brun-Hagen Hennerkes, Arndt Kirchhoff, Lambert T. Koch, Sabine Klein, Corinna Küsel, Kai Lucks, Lothar Mahnke, Peter May, Andreas Möhlenkamp, Felicitas von Peter, Birger Priddat, Ulrich Schäfer, Kurt Schlotthauer, Daniela Schwarzer, Stefan Theis, Henrik Uterwedde, Frank Wallau, Heike Wilhelmi, Norbert Winkeljohann und Jobst Wiskow.

Dankbar bin ich auch den porträtierten Unternehmerinnen und Unternehmern, die sich Zeit für besonders offene Gespräche genommen haben, Heinz-Horst und Heinrich Deichmann, Nicola Leibinger-Kammüller, Hans Georg Näder, Dirk Roßmann, Claus Hipp, Karl-Rudolf Mankel, Michael Schädlich, Markus Miele und Reinhard Zinkann.

Außerdem sind Details und Erfahrungen eingeflossen, die ich in elf Jahren als Wirtschaftsjournalistin bei der *Welt* gesammelt habe. Dort hat eine ganze Reihe von Kollegen meine Arbeit an diesem Buch durch wertvolle Gespräche vorangebracht, darunter Carsten Dierig, Daniel Eckert, Ernst August Ginten, Ileana Grabitz, Uwe Müller, Frank Seidlitz, David Schraven, Hagen Seidel, Daniel Wetzel und Jörg Eigendorf. Dieser hat, ebenso wie Thomas Fischermann und Wolfram Michler, Teile des Manuskripts gelesen und durch sehr gute Vorschläge verbessert. Das Gleiche gilt für Olaf Meier und Nadia Geldmacher vom Campus Verlag. Ihnen allen sage ich ein großes Dankeschön.

Aus tiefstem Herzen möchte ich schließlich meinem Mann, Stefan Weniger, danken. Ohne seine Unterstützung wäre das *Wirtschaftswunder 2010* nie erschienen. Er hat mich in vielen Gesprächen immer wieder ermuntert und mir die Kraft gegeben, dieses Buch zu schreiben. Mit unermüdlichem Elan hat er Roh-, Zwischen- und Endfassungen gelesen und verbessert. Zu guter Letzt geht ein liebevoller Dank an unsere drei Söhne, deren sonniges Wesen und gesegneter Schlaf meine Tage und meine Nächte bereichert haben.

Anmerkungen

Irrtum Nummer 1: Nur die Börse gibt Kraft –
Kapitalgesellschaften bremsen Familien aus

1 Ileana Grabitz, Frank Seidlitz: »Biedere Unternehmen als knallharte Firmenjäger«, *Die Welt*, 22.7.2008.
2 Jonas Ridderstråle, Kjell A. Nordström: *Funky Business – Wie kluge Köpfe das Kapital zum Tanzen bringen*, München 2000. Originalausgabe: London 1999.
3 Ridderstråle, Nordström: *Funky Business*, S. 56.
4 Ohne Verfasserangabe: »Familien-Unternehmen sind gerade in der Krise stark«, 15.1.2009, http://www.elektrojournal.at/ireds-50951.html (5.6.2009).
5 Grabitz, Seidlitz: »Biedere Unternehmen als knallharte Firmenjäger«.
6 Rainer Hank, Georg Meck: »Die Mär vom guten Familienkonzern«, *Frankfurter Allgemeine Sonntagszeitung*, 27.7.2008.
7 Vgl. Hermann Simon: *Hidden Champions des 21. Jahrhunderts – Die Erfolgsstrategien unbekannter Weltmarktführer*, Frankfurt/New York 2007, S. 335 f.

Irrtum Nummer 2: Kult der Veränderung –
Traditionen braucht keiner mehr

1 Simon: *Hidden Champions des 21. Jahrhunderts*, S. 216.
2 Elisabeth Gründler: »Am Rande des Chaos«, in: *McKinsey Magazin Wissen* 15.12.2005, S. 14–21, hier S. 16.
3 Eric von Hippel: *Democratizing Innovation*, Cambridge 2005.
4 Barry Jaruzelki, Kevin Dehoff, Rakesh Bordia: »Money Isn't Everything«, in: *Booz Allen Hamilton – Strategy and Business*, Winter 2005, S. 54–67, hier S. 54 ff.
5 Hermann Simon: »Die unbekannten Großen«, in: *Cicero* 06/2009, S. 84–86, hier S. 84. Vgl. hierzu auch Hermann Simon: *33 Sofortmaßnahmen gegen die Krise. Wege für Ihr Unternehmen*, Frankfurt/New York 2009, S. 19 f.

Irrtum Nummer 3: Effizienz um jeden Preis –
Unternehmer sind pure Nutzenmaximierer

1 Hagen Seidel: »Interview mit Heinz-Horst und Heinrich Deichmann«, *Die Welt*, 10.2.2007.
2 Inga Michler: »Arbeitgeber mit Wohlfühl-Faktor«, *Die Welt*, 6.1.2007.
3 Vgl. etwa Arndt Werner: »Arbeitsbedingungen in KMU – Eine multivariante Analyse«, in: *Schriften zur Mittelstandsforschung* Nr. 106 NF, Wiesbaden 02/2004, S.1–20.
4 Heike Bruch, Wolfgang Clement: *Top Job – Die 100 besten Arbeitgeber im Mittelstand*, Überlingen 2008.
5 Vgl. zu diesem Thema auch George A. Akerlof, Robert J. Shiller: *Animal Spirits – Wie Wirtschaft wirklich funktioniert*, Frankfurt/New York 2009.
6 Vgl. etwa Reinhard Selten: »In Search for a better Understanding of Economic Behaviour«, in: *Makers of modern Economics*, hrsg. v. Arnold Heertje, New York 1993, S. 115–139.
7 Armin Falk, Michael Kosfeld: *Distrust – The Hidden Cost of Control*, IZA Discussion Paper No. 1203, Bonn 07/2004, S.1–33.
8 Uwe Jean Heuser: *Humanomics – Die Entdeckung des Menschen in der Wirtschaft*, Frankfurt/New York 2008, S. 57.
9 Henry Schäfer: *Das gesellschaftliche Engagement von Familienunternehmen*, Gütersloh 2007, auch zu finden unter http://www.csr-weltweit.de/uploads/tx_jpdownloads/BST_Studie_Familienunternehmen.pdf (5.6.2009).

Irrtum Nummer 4: Big is beautiful –
Banken können nur an den Großen verdienen

1 Inga Michler: »Neue Angebote für den Mittelstand – Deutsche Bank will ihr Kreditgeschäft jedoch zurückfahren – Kongress in Berlin«, *Die Welt*, 9.11.1999.
2 Carsten Linnemann: »Deutscher Mittelstand vom Aussterben bedroht?«, in: *Aktuelle Themen* 387, Deutsche Bank Research, 29.5.2007, S. 8.
3 Holger Externbrink, Olaf Wittrock: »Die Banken wackeln – Wem Unternehmer noch vertrauen«, 13.11.2008, http://www.impulse.de/geld/1004773.html?p=2 (5.6.2009).
4 Jörg Eigendorf, Sebastian Jost: »Angreifen, nicht kürzertreten«, *Die Welt*, 17.3.2009.

Irrtum Nummer 5: Billig sticht –
Standorte rund um den Globus sind austauschbar

1 Jens Hartmann: »Der Knopf kommt erst in Deutschland ans Ohr«, *Welt am Sonntag*, 6.7.2008.

2 Steffen Kinkel, Christoph Zanker: *Globale Produktionsstrategien in der Auto-mobilzulieferindustrie – Erfolgsmuster und zukunftsorientierte Methoden zur Standortbildung*, Berlin 2008, S. 24.

3 Vgl. Johanna Joppe, Christian Ganowski: *Die Outsourcing-Falle. Wie Globalisierung in den Ruin führen kann*, München 2008.

4 Vgl. Peter Englisch: *Umfrage zu Produktion im Ausland und Produktionsverlagerungen*, hrsg. v. Ernst & Young, Stuttgart 2008.

5 Vgl. zu diesem Thema Frances Cairncross: *The death of distance – how the communications revolution will change our lives*, Cambridge 1997, außerdem Richard O'Brian: *Global Financial Integration: The End of Geography*, London 1992.

6 Michael E. Porter: »Clusters and Competition: New Agendas for Companies, Governments, and Institutions«, in: *On Competition*, hrsg. von Michael E. Porter, Boston 1998, S. 197–287, hier S. 236 f.

7 Vgl. ohne Verfasserangabe: Informationsdienst des Instituts der deutschen Wirtschaft Köln, Jg. 34, 24. Juli 2008, und Klaus-Heiner Röhl: *Die Zukunft der Familienunternehmen in Deutschland, Potenziale und Risiken in der globalen Wirtschaft*, IW-Analysen Nr. 38, Köln 2008, S. 1–120.

8 Vgl. Eric von Hippel: »Sticky Information and the Locus of Problem Solving: Implications for Innovation«, in: *Management Science* 40, 04/1994, S. 429–439.

9 Vgl. auch Harold James: »Family Values or Corny Capitalism?«, in: *Capitalism and Society*, Nr. 3, Bd. 1, Artikel Nr. 5, Princeton 2008.

10 Vgl. ohne Verfasserangabe: Informationsdienst des Instituts der deutschen Wirtschaft Köln, Jg. 34, 24. Juli 2008, und Klaus-Heiner Röhl: *Die Zukunft der Familienunternehmen in Deutschland, Potenziale und Risiken in der globalen Wirtschaft*, IW-Analysen Nr. 38, Köln 2008, S. 1–120.

11 Vgl. Friedrich Heinemann, Markus Kappler, Volker Kleff u.a: *Länderindex der Stiftung Familienunternehmen*, hrsg. von der Stiftung Familienunternehmen, Stuttgart 2006.

12 Carsten Dierig: »Billiglohnländer? Wir stellen doch keine Handys her«, *Die Welt*, 1. 6. 2008.

13 Inga Michler: »Familienunternehmer haben den längeren Atem«, *Die Welt*, 6. 5. 2007.

Familienunternehmer weisen den Weg aus der Krise

1 Vgl. zu diesem Thema Sabine Bode: *Die deutsche Krankheit – German Angst*, Stuttgart 2007.

2 Bernd Venohr: »How Germany's mid-sized companies get ahead and stay ahead in the global economy«, 19. 6. 2008, http://s161277266.online.de/venohr/venohr.html (5. 6. 2009).

3 Vgl. Ljuba Haunschild, Frank Wallau, Hans-Eduard Hauser, Hans-Jürgen Wolter: *Die volkswirtschaftliche Bedeutung der Familienunternehmen, Gutachten im Auftrag der Stiftung Familienunternehmen*, IfM-Materialien Nr. 172, Bonn 2007.

4 Carsten Linnemann: »Deutscher Mittelstand vom Aussterben bedroht?«, S. 6.

5 Olaf Ehrhard, Eric Nowak, Felix-Michael Weber: »Running in the Family. The Evolution of Ownership, Control and Performance in German Family-owned Firms 1903–2003«, 15. 9. 2006, http://papers.ssrn.com/sol3/papers.cfm?abstract_id=891255 (5. 6. 2009).

6 Vgl. HypoVereinsbank (Hrsg.): *Die Performance familiengeführter Unternehmen*, München 2004.

Die Christen – Heinz-Horst und Heinrich Deichmann (Schuhe)

1 Heinz-Horst Deichmann (Hrsg.): *Mir gehört nur, was ich verschenke*, Essen 2008.

2 Ohne Verfasserangabe: »Aufsteiger«, *Wirtschaftswoche*, 9. 2. 2009.

3 Heinz-Horst Deichmann: »Bewahrung in schwerer Zeit«, in: *Jahrgang 1926/27 – Erinnerungen an die Jahre unter dem Hakenkreuz*, hrsg. v. Alfred Neven DuMont, Köln 2007, S. 53–61, hier S. 55.

4 Deichmann: »Bewahrung in schwerer Zeit« S. 53–61, hier S. 60.

5 Deichmann: »Bewahrung in schlechter Zeit« S. 53–61, hier S. 61.

6 Andreas Malessa, Hanna Schott: *Warum sind Sie so reich, Herr Deichmann? Die Deichmann-Story: über den Umgang mit Geld und Verantwortung*, Wuppertal 2006, S. 38.

Die Vermittlerin – Nicola Leibinger-Kammüller (Trumpf Werkzeugmaschinen)

1 Vgl. auch Sibylle Zehle: »Eine Frau mit Haltung«, in: *ManagerMagazin*, 16. 12. 2005.

2 Harald Willenbrock: »Das Erbstück«, in: *brand eins* 02/2004, S. 22–30, hier S. 26.

3 Zehle: »Eine Frau mit Haltung«.

Der Lebensfrohe – Hans Georg Näder (Otto Bock Prothesen)

1 Friederike Haupt: »Ein Düsentrieb als Oberkrämer«, *FAZ*, 27. 9. 2008.

2 Jonas Viering: »Weg vom Mitleid«, *Die Zeit*, 12. 3. 2009.

3 Viering: »Weg vom Mitleid«.

4 Ohne Verfasserangabe: »Rasende Amphibienfahrt von Dover nach Calais«, *Die Welt*, 1. 7. 2008.

Der Kämpfer – Dirk Roßmann (Drogerien)

1 Peter Gillies: *Die Erfolg-Reichen: Wie innovative Unternehmer mit venture capital Märkte erobern*, München 1998, S. 153–173.
2 Gillies: *Die Erfolg-Reichen*, S. 155.
3 Ohne Verfasserangabe: »Die 300 reichsten Deutschen«, *ManagerMagazin* Spezial 13/2006, S. 17.
4 Henryk Hielscher: »An Windeln verdienen wir nichts«, *Wirtschaftswoche*, 11.4.2009.

Der Biopionier – Claus Hipp (Babynahrung)

1 Inga Michler: »Die Mutter ist durch nichts zu ersetzen«, *Welt am Sonntag*, 9.9.2007.
2 Eva Demmerle: *Claus Hipp – Dafür stehe ich mit meinem Namen*, München 2004, S. 19.
3 Demmerle: *Claus Hipp*, S. 23.
4 Bolke Behrens: »Voll im Bild«, *Handelsblatt*, 11.5.2007.
5 Melanie Ahlemeier, Hans von der Hagen: »Mitnehmen kann keiner was«, 7.2.2008, http://www.sueddeutsche.de/wirtschaft/834/446570/text/(3.6.2009).
6 Demmerle: *Claus Hipp*, S. 17.
7 Ohne Verfasserangabe: »Die Zehn Gebote reichen, um eine Firma zu führen«, *Bild am Sonntag*, 7.1.2007.

Der Gemütliche – Karl-Rudolf Mankel (Dorma Türen)

1 Heike Bruch, Wolfgang Clement: *Top Job 2008 – Die 100 besten Arbeitgeber im Mittelstand*, München 2008, S. 10.

Das ungleiche Paar – Markus Miele und Reinhard Zinkann (Miele Haushaltsgeräte)

1 Rainer Nahrendorf: *Der Unternehmer-Code – was Brüder und Familienunternehmer erfolgreich macht*, Wiesbaden 2007, S. 180.
2 Rudolf Miele, Peter Zinkann (Hrsg.): *100 Jahre Miele im Spiegel der Zeit*, Gütersloh 1999, S. 18.
3 Gary Wolf: »The Next Insanely Great Thing«, *Wired*, 02/1996.
4 Marion Seinhart: *Carl Miele*, München 2000, S. 120.
5 Harald Willenbrock: »Paarlauf«, in: *brand eins*, 02/2006, S. 70–75, hier S. 73.

Fünf Bausteine des Erfolgs

1 Vgl. www.faber-castell.de (23.6.2009).

2 Ohne Verfasserangabe: »Giftiges Spielzeug – Millionenstrafe für Mattel«, 6.6. 2009 http://www.spiegel.de/wirtschaft/0,1518,628953,00.html (19.06.2009).

3 Artist von Schlippe: *Marke Familienunternehmen – Eine explorative Studie des Wittener Instituts für Familienunternehmen*, Witten 2008.

4 VDI, IW Köln (Hrsg.): *Ingenieurarbeitsmarkt 2008/09 – Fachkräftelücke, Demografie und Ingenieure 50Plus*, Köln, April 2009, S. 10 ff.

5 http://komm-zu-marquardt.de/174.html (19.06.09).

6 Bastian Berbner: »Lockrufe aus dem Hinterland«, *Die Zeit*, 4.9.2008.

7 Petra Gessner: »Verliebt ins Detail«, in: *Wir. Das Magazin für Unternehmerfamilien*, 1/2009, S. 28–32, hier S. 32.

8 http://www.topjob.de/documents_topjob/arbeitgeber_jahr.asp (19.6.2009).

9 Carmen Salvenmoser: »Engagiertes Personalmanagement lockt engagierten Nachwuchs«, *Handelsblatt*, 25.5.2009.

10 Peter May, Matthias Redlefsen, Catherine Knappe: *Fremdmanager in Familienunternehmen*, Intes Akademie für Familienunternehmen, Bonn 2005, S. 4 f.

11 Am höchsten ist der Anteil der an den ältesten Sohn vererbten Chefposten in Großbritannien. Dort lag er einer Studie zufolge bei 50 Prozent. In Frankreich waren es 44, in den USA 30 und in Deutschland lediglich 10 Prozent. Entsprechend höher war der Anteil von professionellen Managern von außen bei deutschen Mittelständlern. Untersucht wurden über 700 Industriebetriebe mit 50 bis 10 000 Mitarbeitern in den vier Ländern. Vgl. Nick Bloom, Stephen Dorgan, John Dowdy, John Van Reenen und Tom Tippin: *Management Practices Across Firms and Nations*, Center of Economic Performance, London School of Economics and McKinsey, Working Paper, 05/2005, London 2005. Außerdem: Bernd Venohr: »How Germany's mid-sized companies get ahead and stay ahead in the global economy«, Präsentation, Juni 2008.

12 Vgl. Nick Bloom, John Van Reenen: *Measuring and Explaining Management Practices Across Firms and Countries*, CEP Discussion Paper No 716, 03/2006, London 2006.

13 2004 haben große deutsche Familienunternehmer wie Franz Haniel (Metro-Gruppe), Jürgen Heraeus (Edelmetalle) und Christoph Henkel (Waschmittel) gemeinsam mit der Unternehmensberatung Intes einen Kodex zur Corporate Governance in Familienunternehmen formuliert. Er ist unter www.kodex-fuer-familienunternehmen.de nachzulesen.

14 Ohne Verfasserangabe: »Nicht jammern!«, *Süddeutsche Zeitung*, 24.11.08.

15 Simone Boehringer: »Groß in der Nische«, *Süddeutsche Zeitung*, 11.2.2008.

16 Vgl. zu diesem Thema Ann-Kristin Achleitner, Stephanie Schraml, Oliver Klöckner: *Wie professionell ist die Unternehmensfinanzierung tatsächlich – Studie zur Finanzierung von Familienunternehmen*, München 2008. Ann-Kristin Achleitner, Stephanie Schraml, Oliver Klöckner: »Finanzierung von Familienunternehmen: Wunderwaffe oder Achillesferse« in: *Familienunternehmen im Zeichen des Wandels, Beiträge zu Fragen der strategischen Ausrichtung, der Finanzierung und des Generationenwechsels*, hrsg. von Andreas E. Mach, München 2006, S. 7–22.

17   Ann-Kristin Achleitner, Stephanie Schraml, Florian Tappeiner: *Private Equity in Familienunternehmen, Erfahrungen mit Minderheitsbeteiligungen*, hrsg. v. d. Stiftung Familienunternehmen, München 2008, S. 83.

Was kluge Konzernchefs kopieren

1   Vgl. hierzu Michael C. Jensen, William H. Meckling: »Theory of the Firm: Managerial Behavior, Agency Costs and Ownership Structure«, in: *Journal of Financial Economics*, 2 (4) 1976, S. 305–360 und: Sanford J. Grossman, Oliver D. Hart: »An Analysis of the Principal-Agent Problem«, in: *Econometrica*, 51 (1) 1983, S. 7–45.

2   Harald Willenbrock: »Das Erbstück«, in: *brand eins* 02/2004, S. 22–30, hier S. 28.

3   Alfred Rappaport: *Creating Shareholder Value: A Guide for Managers and Investors: The New Standard for Business Performance*, New York 1986, aktualisierte Auflage New York 1998.

4   Francesco Guerrera: »Welch condemns share price focus«, *Financial Times*, 12.3.2009.

5   Karl-Heinz Büschemann: »Die blödeste Idee der Welt«, 13.03.2009, http://www.sueddeutsche.de/wirtschaft/68/461692/text/ (10.06.2009).

6   Ohne Verfasserangabe: »Porsche ausgebremst«, 18.07.2001, http://www.spiegel.de/wirtschaft/0,1518,145916,00.html (10.06.2009).

7   Martina Anselm, Jörg Eigendorf, Silke Schade: »Dax-Vorstände verdienen 21 Prozent weniger«, *Die Welt*, 31.3.2009.

8   Anselm, Eigendorf, Schade: »Dax-Vorstände verdienen 21 Prozent weniger«.

9   Jan Hildebrand: »Aktionäre rechnen mit Infineon-Führung ab«, *Die Welt*, 12.2.2009.

Neidische Blicke: Franzosen und Amerikaner wünschen sich mehr Mittelstand

1   Jean-Paul Betbèze, Christian Saint-Étienne: *Une stratégie PME pour la France*, hrsg. v. Conseil d'Analyse Économique, Rapport n°61, 13.7.2006, S. 7.

2   Vgl. Hofstedes aktuellste Untersuchungen auf seiner Website: www.geerthofstede.com (8.6.2009). Auf seiner von 0 bis 100 reichenden Skala erreichen die USA einen Individualismuswert von 91. Deutschland liegt mit 61 deutlich darunter.

3   Raphael Zehetbauer: »Drei Eltern«, in: *Wir. Das Magazin für Unternehmerfamilien*, 1/2009, S. 18–21, hier S. 18.

4   Stiftung Familienunternehmen in Zusammenarbeit mit dem ZEW (Hrsg.): *Länderindex Familienunternehmen*, Stuttgart 2006, S. 3.

Wirtschaftspolitiker aus Entwicklungsländern
schauen auf das deutsche Modell

1 Vgl. hierzu Harold James: »Family Values or Corny Capitalism?«, in: *Capitalism and Society*, Nr. 3, Bd. 1, Artikel Nr. 5, Princeton 2008, S. 1–28.
2 David S. Landes: *Die Macht der Familie*, München 2008, S. 16 f.
3 Christoph Hein: »Wir beraten heute Indiens Milliardäre – Der Maharadscha von Udaipur über die neuen Reichen und die alten Werte«, *Frankfurter Allgemeine Sonntagszeitung*, 30. 3. 2008.
4 James: »Family Values or Corny Capitalism«, S. 23.
5 United Nations Development Programme (Hrsg.): *Unleashing Entrepreneurship: Making Business Work for the Poor – Commission on the Private Sector Development Presents new Report to Secretary*, New York 2004, S. 5.
6 United Nations Development Programme: *Unleashing Entrepreneurship*, S. 9.
7 Marc Engelhard: »Afrikaner wollen keine Hilfe mehr«, 6. 4. 2009, http://www.taz.de/1/politik/afrika/artikel/1/afrikaner-wollen-keine-hilfe-mehr/ (8. 6. 2009).
8 Inga Michler, Ernst A. Ginten: »Arme brauchen Chancen, ihr Leben zu ändern«, *Die Welt*, 6. 6. 2007.
9 Inga Michler: *Internationaler Standortwettbewerb um Unternehmensgründer – Die Rolle des Staates bei der Entwicklung von Clustern der Informations- und Biotechnologie in Deutschland und den USA*, Wiesbaden 2005.

Investoren aus aller Welt zeigen Interessen

1 Lutz Meier: »Die Guten kommen«, *Financial Times Deutschland*, 21. 5. 08.
2 Hans Nagl: »Private-Equity wechselt das Terrain«, *Handelsblatt*, 4. 2. 2009.
3 ZEW (Hrsg.): »Sonderfrage: Mergers & Acquisitions aus Emerging Countries in Deutschland«, in: *ZEW Finanzmarktreport*, 12/2007, S. 3.
4 Sagte er dem Onlineportal der Wirtschaftszeitung *Euro am Sonntag*, 13. 3. 2009, http://www.finanzen.net/nachricht/BM_A_erwartet_in_Deutschland_starke_Zukaeufe_durch_chinesische_Investoren_858248 (8. 6. 09).
5 Sven Böll, Martin Noè: »Wir sind keine Couponschneider«, *ManagerMagazin*, 16. 10. 2008.

Wirtschaftswunder 2010

1 Vgl. hierzu Ulrich Schäfer: *Der Crash des Kapitalismus – Warum die entfesselte Marktwirtschaft scheiterte und was jetzt zu tun ist*, Frankfurt/New York 2008.

Register

Uwe Jean Heuser
**Was aus Deutschland
werden soll**
Der Auftrag an die
Wirtschaftspolitik

2009, 160 Seiten
ISBN 978-3-593-39068-0

Was die neue Regierung
nach der Wahl tun muss

Deutschland im Herbst 2009. Die Wahl ist entschieden, nun muss
sich die neue Politik formieren. Wie soll es weitergehen, insbeson-
dere auf dem so entscheidenden Gebiet der Wirtschaftspolitik?
Dieses Buch, das kurz nach der Wahl erscheinen wird, macht dazu
konkrete und provokante Vorschläge, die aktuell auf die neue Regierung zugeschnitten sind. Zusammen ergeben sie das Bild einer
neuen Politik, die Deutschland zukunftssicher machen kann. Ihre
Leitlinien lauten: Marktwirtschaftlichkeit, Nachhaltigkeit, Gerechtigkeit. Klare Vorgaben für die neue Regierung – von einem der
wichtigsten Experten des Landes.

**Mehr Informationen unter
www.campus.de**

Frankfurt · New York

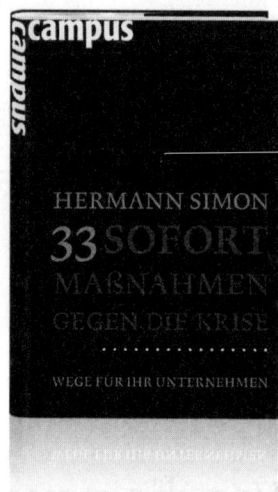